Salomat Gelchinova
Ulugbek Khudanov

Intensificação do processo de moagem de cimento

Salomat Gelchinova
Ulugbek Khudanov

Intensificação do processo de moagem de cimento

Monografia

Imprint

Any brand names and product names mentioned in this book are subject to trademark, brand or patent protection and are trademarks or registered trademarks of their respective holders. The use of brand names, product names, common names, trade names, product descriptions etc. even without a particular marking in this work is in no way to be construed to mean that such names may be regarded as unrestricted in respect of trademark and brand protection legislation and could thus be used by anyone.

Cover image: www.ingimage.com

This book is a translation from the original published under ISBN 978-620-7-46542-2.

Publisher:
Sciencia Scripts
is a trademark of
Dodo Books Indian Ocean Ltd. and OmniScriptum S.R.L publishing group

120 High Road, East Finchley, London, N2 9ED, United Kingdom
Str. Armeneasca 28/1, office 1, Chisinau MD-2012, Republic of Moldova, Europe
Printed at: see last page
ISBN: 978-620-7-76822-6

Conteúdo

A monografia é recomendada para publicação pelo protocolo de 28 de dezembro #4 2023 pelo Conselho da Universidade Pedagógica Estatal de Jizzak.

INTRODUÇÃO

Relevância do problema. Uma das principais direcções do desenvolvimento da economia nacional do país é assegurar um crescimento mundial da eficiência da produção social, melhorando a qualidade dos produtos, reforçando o regime de economia na economia nacional.

Atualmente, a indústria de materiais de construção da República do Usbequistão está a desenvolver-se ativamente devido ao crescimento dinâmico da construção. Representa uma das componentes básicas da economia do Uzbequistão e é de importância crucial para o seu desenvolvimento estável a longo prazo. Os consumidores de materiais de construção são praticamente todos os ramos da indústria, transportes, agricultura e outros.

Em 2016, os investimentos em capital fixo na República do Uzbequistão como um todo aumentaram 24,8% em relação a 2015. Devido ao crescimento do investimento na economia e ao desenvolvimento da construção, o consumo e a produção de cimento no país aumentaram significativamente. Um total de 8.462.000 toneladas de cimento foram produzidas em 2016, com a capacidade de produção de cimento aumentando em 880.000 toneladas em comparação com 2015.

O Uzbequistão tem atualmente 12 fábricas de cimento com uma capacidade total anual de mais de 9,0 milhões de toneladas, incluindo as principais - JSC Kizilkumcement (Navoi, capacidade de produção - 3 500 000 toneladas), JSC Ahangarancement (Ahangaran, 1 740 000 toneladas), JSC Bekabadcement (Bekabad, 1 250 000 toneladas), JSC Kuvasaycement (Kuvasay, 1 080 000 toneladas), JSC Jizabadcement (Kuvasay, 1 080 000 toneladas) e JSC Jizabad Cement (Bekabad, 1 250 000 toneladas). Bekabadcement JSC (Bekabad, 1.250.000 toneladas), Kuvasaycement JSC (Kuvasay, 1.080.000 toneladas), Jizzak Cement Plant (Jizzak, 1.000.000 toneladas de cimento cinzento ou 450.000 toneladas de cimento branco), - e pequenas fábricas de cimento com uma capacidade total de 640.000 toneladas por ano.

A utilização da capacidade das fábricas de cimento da República está próxima dos 100 %. É de salientar que, nas linhas tecnológicas recentemente introduzidas na JSC "Bekabadcement" e na fábrica de cimento de Jizzak, os esforços dos especialistas destas empresas permitiram alcançar os indicadores de conceção da produção de cimento durante um curto período de funcionamento. Resultados semelhantes foram alcançados pelas equipas de pequenas empresas da JV LLC "Fergana Cement", LLC "Turon Eco Cement Group" e LLC "Farhadshifer".

A par do aumento do volume de produção de cimento, é dada muita atenção ao alargamento da gama de produtos e à sua qualidade. Todas as grandes empresas de cimento introduziram um sistema de gestão da qualidade e obtiveram os certificados internacionais ISO 9001:2000 e ISO 9001:2015. As pequenas empresas também começaram a trabalhar nesta direção.

Nesta monografia foi desenvolvido um método de obtenção de tensioactivos - intensificadores da moagem do clínquer de cimento com base em resíduos da produção de óleo de algodão - resina de gossipol (alcatrão de algodão), modificando-os com trietanolamina e estudando a influência dos novos tensioactivos no processo de moagem e nas propriedades do cimento.

É proposto o método de intensificação da moagem do clínquer de cimento Portland e dos componentes das lamas de cimento bruto com a aplicação de novos tensioactivos. É estabelecida a variante óptima da aplicação de tensioactivos nos processos de produção de cimento Portland.

História do nascimento da indústria no mundo

Em dezembro de 1824, Joseph Aspdin, um pedreiro de Leeds, Inglaterra, obteve a patente 7 para "Um método melhorado de fazer pedra artificial", que criou na sua própria cozinha. O inventor aqueceu uma mistura de calcário e argila bem detalhados num forno de cozinha, depois esmagou o torrão da mistura em pó e obteve cimento hidráulico, que endureceu quando lhe foi adicionada água. A ideia da possibilidade de fabricar, a partir de uma mistura artificial de calcário e argila, "um cimento que seria igual à melhor pedra de cimento Portland do mercado em dureza e durabilidade" pertence a J. Smeaton. J. Aspdin foi o primeiro a dar ao ligante hidráulico o nome de "cimento de Portland" (porque utilizou no seu fabrico pedras de uma pedreira da ilha de Portland) e é o inventor do nome. Em 1825.

Aspdin estabeleceu uma fábrica de produção do seu "cimento Portland" em Yorkshire, perto de Leeds. Os grandes construtores da época apreciaram o novo cimento e preferiram-no a todos os outros cimentos, pelo que a sua produção se desenvolveu em Inglaterra. ^{0} O ligante obtido por Aspdin não era um cimento Portland no sentido moderno da palavra (Aspdin não levou a mistura à sinterização, que é a principal condição para a obtenção do clínquer de cimento Portland), mas era um tipo de cimento romano obtido a uma temperatura de cozedura ligeiramente mais elevada (900-1000 C), mas a designação "cimento Portland" manteve-se até aos nossos dias. O ligante hidráulico descrito por E. G. Cheliyev, estava mais próximo em propriedades do cimento Portland moderno, e em qualidade era superior ao cimento Portland de Aspdin, mas Aspdin fundou uma fábrica de produção de cimento (Fig. 4), que foi desenvolvida pelo seu filho William [1].

Figura 1. O forno de J. Aspdin na fábrica Robins & Aspdin que construiu, 1847-1848. [1].

Todo o cimento Portland no continente ficou conhecido como cimento inglês até 1878-1880, altura em que a sua produção foi dominada na Alemanha. A partir dessa altura, o cimento começou a ser utilizado em quase todo o lado. A tecnologia de produção de cimento generalizou-se e, em cada Estado, os industriais construíram a sua própria fábrica de cimento, e até mais do que uma. Tornou-se muito mais fácil comprar cimento, já não era necessário transportá-lo por mar. Os filhos de Aspdin

William e James produziram pela primeira vez cimento "Aspdin" nas suas fábricas estabelecidas e, em 1848, a Robins, Aspdin and Company começou a produzir cimento Portland verdadeiro. Em França, a Lafarge começou a produzir cimento Portland pela primeira vez a partir de 1868 em Tey, Ardèche. Embora a primeira fábrica de cimento em França tenha sido construída em 1846 em Boulogne-sur-Mer, produzia o então popular cimento romano [1].

A primeira fábrica de cimento Portland na Alemanha foi estabelecida em Zülchow8 , perto de Stettin, em 1855. O cimento, produzido a partir de argila local e giz da ilha de Wolin, era tão bom como o cimento inglês, e a produção

5

aumentou rapidamente para 30.000 barris por ano. Este sucesso levou à criação de fábricas semelhantes em Bona, Lebbing, Oppeln, Lüneburg, Amenenburg e Finkelwald. Em 1877, já existiam 30 fábricas de cimento Portland na Alemanha. As fábricas de cimento surgiram em todo o lado onde se encontravam grandes depósitos de calcário e argila. Por exemplo, na Alemanha, em 1859, enquanto exploravam depósitos de lenhite no subúrbio de Hemmoor, depararam-se com espessas camadas de giz e argila. Em 1862, Jürgen-Hinrich Hagenach construiu uma fábrica de tijolos e uma fábrica de cal no local e, em 1866, foi criada uma pequena fábrica de cimento, a Hemmoor. Em 1882, a sociedade anónima "Fábrica de cimento Portland Hemmoor", com 1000 trabalhadores, produzia 170 000 barris de cimento por ano. A primeira fábrica de cimento nos Estados Unidos, a Coplay Cement Company, foi fundada em 1866 por David O. Saylor no Vale de Lehigh, na Pensilvânia. David O. Saylor é considerado o "pai" da indústria de cimento americana. Esta fábrica de cimento em particular, atualmente um museu, era propriedade de Saylor e, naturalmente, o museu foi criado em sua honra.

O condado de Lehigh é uma fonte natural de matérias-primas para a produção de cimento. Em 1871, Saylor recebeu uma patente para a produção de cimento Portland, que era muito mais forte e de melhor qualidade do que os chamados cimentos naturais produzidos nos Estados Unidos até essa altura. O cimento de Saylor foi utilizado para construir pontes, estradas, arranha-céus, aquedutos, edifícios de escritórios e residenciais. Em 1900, o Vale de Lehigh produzia 72% de todo o cimento Portland dos Estados Unidos. No início, foram construídos altos-fornos, mas eram extremamente ineficientes e foram rapidamente desactivados. Já em 1893, foram construídos os fornos que ainda hoje podemos ver, ou seja, os fornos verticais Schoefer (Fig. 5). Para a produção de cimento foram utilizados onze fornos verticais, com 27,4 m de altura. Os fornos do vale de Lichaj, uma modificação dinamarquesa dos fornos verticais alemães, foram construídos com tijolo vermelho local.

Figura 2. Fornos de cimento da Coplay Company [1].

Em comparação com os fornos de cúpula, estes fornos (fornos contínuos) produziam um produto de melhor qualidade. No entanto, também não duraram muito tempo. Em 1904, os fornos verticais foram encerrados, uma vez que se tornaram disponíveis fornos rotativos horizontais mais eficientes e produtivos [1].

Figura 3. O primeiro forno rotativo [1].

Os inventores do forno rotativo são Elliot e Roussel, que em 1853 obtiveram uma patente para um forno rotativo mecânico para soda (Fig. 3). A invenção dos fornos rotativos foi importante não só para o progresso da produção de soda, mas também noutras indústrias, incluindo a indústria do cimento. O forno rotativo mecânico era acionado por um motor a vapor e tinha uma capacidade de 196,5 poods de carga bruta.

O forno rotativo foi utilizado pela primeira vez na indústria do cimento por

Frederick Ransom (1818 -1893; patente em Inglaterra em 1885, nos EUA em 1886). Na Europa, os fornos rotativos "deitados" em vez dos fornos de eixo "de pé" foram introduzidos pelos construtores mais famosos F. L. Smidt em Copenhaga e A. G. E. Polisius em Dessau. O forno rotativo era um cilindro metálico com revestimento refratário assente em suportes de rolos. Para deslocar o material queimado no forno, este foi instalado num ângulo de 4 -5 em relação ao horizonte. O forno era acionado por um motor elétrico. A mistura de matérias-primas, carregada a partir da extremidade fria, deslocava-se durante a rotação do forno em direção aos produtos de combustão do combustível. Um dos primeiros fornos tinha 11 metros de comprimento e 1,5 metros de diâmetro, e em 1900 existiam fornos com 2 metros de diâmetro e 35 metros de comprimento. A sua capacidade diária era de 30 toneladas (um dos fornos mais longos, de 232 x 7,6 m, com uma capacidade de até 3000 toneladas por dia, foi instalado pela FLSmidth em 1964 em Dundee Clacksville, EUA). O triturador (moinho) para moer o clínquer foi inventado em 1892 por Davidsen, um engenheiro dinamarquês. O seu interior era revestido com telhas de quartzo e eram utilizados seixos marinhos como corpos moedores. O cimento foi amplamente publicitado na imprensa mundial e o público deixou de ver o novo material como algo estranho e assustador. E depois de o Exército e a Marinha britânicos o terem literalmente adotado, os generais de todos os países mais ou menos desenvolvidos interessaram-se pelo cimento.

Os alemães iniciaram o desenvolvimento independente da produção de cimento, uma vez que os britânicos exportavam o produto acabado, mas não os segredos da sua tecnologia de produção.

Origem da indústria na Rússia. A produção industrial de cimento na Rússia tem uma história centenária. Se tomarmos como ponto de partida a primeira menção oficial, esta remonta ao século XVII. Numa carta dirigida ao Príncipe M.P. Gagarin, então comandante de Moscovo, Pedro, o Grande, deu instruções para o envio de vários barris de cal. É digno de nota o facto de, mais tarde, a palavra "cal" ter sido riscada e corrigida para "cimento". É bem possível que, neste caso, estivéssemos a falar de uma das variedades de cimento, nomeadamente o cimento romano, produzido naqueles tempos longínquos, porque a primeira fábrica de cimento na Rússia foi construída e colocada em funcionamento em 1856, e produzia cimento Portland [1].

Em 1822, o Prof. A. R. de Charleville publicou uma investigação científica sobre as rochas margosas para a produção de cal hidráulica e cimentos no Instituto Ferroviário de São Petersburgo. O autor salientou que, ao cozer estas rochas ou misturas de calcário e argila, ocorrem interacções químicas entre as partes constituintes. Em 1839, o comerciante e fabricante I.V. Yunker fundou uma fábrica em São Petersburgo para a produção de cimento "Parker's" ou "Inglês". A fábrica ou "Fábrica de Cimento Inglês" situava-se perto da antiga Moskovskaya Zastava e trabalhava com "pedra de cimento" fornecida de Inglaterra. Em 1839 e 1840 foram produzidos, respetivamente, 1 e 5 mil barris de cimento Yunker de 10 poods cada. O cimento romano de Junker foi amplamente utilizado não só em S. Petersburgo, mas também em Moscovo e era muito apreciado pelos construtores. Mais tarde, foi produzido cimento semelhante a partir de matérias-primas locais nas fábricas de P. E. Roche, perto de S. Petersburgo (1848) e de Filatiev, perto de Moscovo (1849), o que foi de grande importância para a construção. A fábrica de Roche funcionou durante 57 anos e produziu um excelente cimento romano (inicialmente foi utilizado calcário de Volkhov para a produção de cimento, e depois foi retirado calcário das pedreiras de Tosnya), que foi utilizado para substituir o cimento Portland inglês, que era três vezes mais caro, com grande efeito económico em várias construções subaquáticas e em terra. A primeira descrição russa de uma substância aglutinante obtida pela queima de marga e posterior moagem foi feita em 1807 pelo académico V.M. Severgin. O produto obtido era de melhor qualidade do que o cimento romano, mas não era cimento Portland. O inventor do cimento atual é considerado E. G. Cheliyev. Egor Gerasimovich Cheliev começou a trabalhar em Saratov. Em 1801, mudou-se para Moscovo e, alguns anos mais tarde, foi nomeado chefe da brigada de trabalho militar de Moscovo para o planeamento e restauro dos edifícios de Moscovo após o incêndio de 1812. Foi nessa altura que começou a fazer experiências com diferentes materiais para encontrar um composto de ligação para tijolo e pedra [1].

Fig. 4. a - um barril com cimento do Museu do Cimento de Novorossiysk. O

barril tem a inscrição: "Akts. Obshch. Novorossiysk Portland Cement Plant 'Chain'"; b - ficha da "Parceria da Fábrica de Cimento de Riga e da Fábrica de Cremes de K.H. Schmidt". A ficha contém a inscrição "Alexei Mikhailovich Powalishin31. 1868. Em memória do milionésimo barril de produção de cimento. 1884"; c - carregamento de cimento no navio [1].

No final do século XIX, a indústria de cimento russa satisfazia plenamente as necessidades da construção em cimento. A qualidade do cimento Portland russo era elevada. Cada fábrica tinha um laboratório e controlava os produtos. Além disso, as fábricas forneciam amostras de cimento para serem testadas em laboratórios departamentais bem equipados. Assim, a composição química do cimento da fábrica de P.E. Roche foi testada em 1862 pelo laboratório do departamento de minas em S. Petersburgo. O cimento da mesma fábrica foi testado por A. R. Shulyachenko em 1869. Por iniciativa dos proprietários de fábricas de cimento, foram organizados congressos da indústria do cimento em 1885. Os trabalhos dos congressos foram dirigidos primeiro por A. R. Shulyachenko e depois por A. R. Shulyachenko. R. Shulyachenko e depois N.A. Belelyubsky.

Embora os primeiros fornos rotativos, com 25 metros de comprimento e 1,8 metros de diâmetro, fabricados na fábrica de máquinas de Makeyevka, tenham surgido na Rússia em 1909, o clínquer era produzido principalmente em fornos de cuba contínuos e descontínuos. As condições de trabalho dos operários eram extremamente difíceis. Em 1927-1928, a produção de cimento na Rússia tinha aumentado para o nível anterior à guerra. Durante o primeiro período de cinco anos, foram construídas 15 novas fábricas de cimento. Em 1940, foram produzidas 5,7 milhões de toneladas de cimento. Duas fábricas foram construídas no leste do país.

Capítulo 1

A parte principal,
1.1 Tecnologia de produção de cimento

O cimento é um ligante hidráulico obtido por moagem fina de clínquer de cimento Portland com gesso e aditivos, que, quando misturado com água, forma uma massa trabalhável capaz de endurecer na água e no ar. A produção de cimento envolve duas etapas: a primeira é a produção de clínquer e a segunda é a redução do clínquer a um estado pulverulento com a adição de gesso ou outros aditivos [1].

A produção de cimento, cuja composição e propriedades correspondem ao cimento Portland moderno, começou praticamente na primeira metade do século XIX em Inglaterra (desde 1825). Os primeiros cimentos eram produzidos em fornos de poços descontínuos, misturando os componentes em instalações de mistura mecânica. Só depois de 1900 é que os fornos de cuba foram substituídos por fornos rotativos contínuos mais eficientes. Por conseguinte, a comparação de tecnologias por ciclos tecnológicos de desenvolvimento da produção só é possível a partir do início do século XX, quando a produção de cimento foi modernizada e surgiram métodos de produção por via húmida, seca e combinada.

Na Rússia, o calcário natural, o giz, a marga e outros materiais que contêm carbonato, incluindo resíduos de indústrias relacionadas, são utilizados como as principais matérias-primas para a produção de clínquer de cimento. Como componente de argila, são utilizadas argilas naturais, materiais de argila de sobrecarga, xisto argiloso, escórias, cinzas e resíduos de escória, etc. (no total, mais de 40 itens). (no total, mais de 40 itens). Para ajustar a mistura de matérias-primas, são utilizados vários materiais artificiais que contêm ferro - cinzas de sinterização, poeiras e lamas de instalações de limpeza de gases da metalurgia ferrosa, escórias de conversores, briquetes de lamas e outros materiais que contêm ferro. A percentagem de recursos naturais na mistura de matérias-primas para a produção de clínquer é de cerca de 70%.

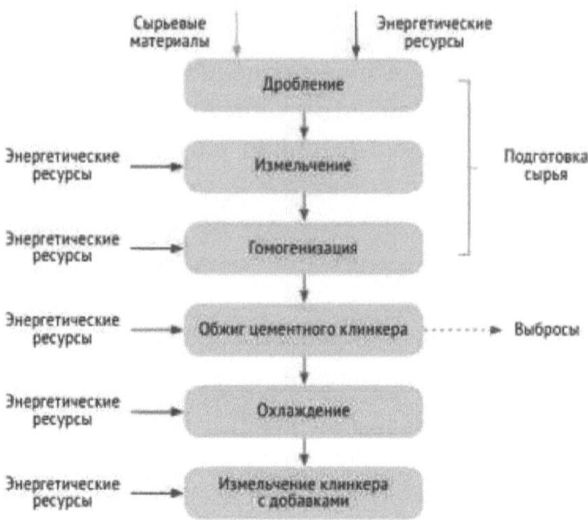

Fig. 5. Esquema geral do processo tecnológico de produção de cimento [1].

As matérias-primas na produção de cimento são principalmente argilas e rochas carbonatadas, bem como outras matérias-primas naturais e alguns tipos de resíduos industriais, escórias, etc. [1,2,3].

Com o desenvolvimento da tecnologia na construção, as pessoas começaram a refletir cada vez mais sobre os possíveis efeitos negativos no ambiente. O betão, em particular o cimento Portland, é um dos materiais de construção mais conhecidos devido ao seu baixo custo e facilidade de utilização [4]. O principal componente do betão é o cimento, que é o principal responsável pelas emissões de gases com efeito de estufa [5]. A tecnologia de produção doméstica é a produção de cimento num "processo húmido" em que o material virgem, chamado lama, é uma substância com um teor de humidade de até 40% [3]. Seguem-se várias etapas principais: ajustamento, cozedura, adição de gesso e outros aditivos e moagem. É de salientar que este método de produção requer mais combustível para a fase de cozedura do que o "método seco". Há evaporação da água das lamas [2].

As rochas carbonatadas são calcário, calcário-concha, giz, calcário margoso, marga, marga, rochas metamórficas ou sedimentares de composição dolomítica, carbonato-argilosa e calcária. A qualidade e o valor destas rochas como matérias-primas para a produção de cimento são determinados pela sua estrutura e propriedades físicas. As rochas com estrutura cristalina interagem pior com outros elementos da mistura durante a cozedura do que as rochas com estrutura amorfa. O giz é uma rocha sedimentar macia facilmente triturável, um tipo de calcário esmaltado. É facilmente pulverizada e é uma matéria-prima popular para a criação de cimento.

A marga é uma rocha sedimentar, de transição entre o calcário e a argila. Pode ter uma estrutura dura ou solta, densidade e humidade diferentes, dependendo da percentagem de misturas de argila. As argamassas de construção à base de marga são ativamente utilizadas na construção de fogões, lareiras, etc.

Entre os calcários, os tipos porosos e margosos com um limiar de resistência à compressão baixo e sem inclusões de silício são preferidos para a produção de cimento. As rochas argilosas são utilizadas na produção de cimento: limo, argila, loess, xisto e loess-like loams.

Fig.6. Fabrico de matérias-primas para a produção de cimento [3].

As argilas, rochas sedimentares, compostas por vários tipos de minerais, tornam-se plásticas e incham quando humedecidas. No processo seco de produção de cimento, a capacidade de ligação e

a plasticidade da argila permite a granulação da farinha e a briquetagem. Uma argila é uma argila que contém uma elevada proporção de partículas poeirentas e arenosas.

Os xistos argilosos são rochas densas e duras, que podem facilmente estratificar-se em placas de pequena espessura. Em relação à argila, o xisto tem uma composição mais constante e um teor de humidade mais baixo.

O loess é uma rocha de grão fino, solta e porosa, composta por partículas finas de argila, feldspato, quartzo e outros silicatos. O loess não se caracteriza por uma elevada plasticidade. O loess-like loam é um material com propriedades de transição entre o loess e o loess [3].

Para além das matérias-primas de base, são utilizados ativamente no processo de produção vários tipos de aditivos correctivos do cimento para alterar algumas propriedades do produto final. Estes podem ser alumina, sílica, aditivos contendo argila, bem como espatoflúor como mineralizadores (silicofluoreto de sódio, gesso, apatite, fosfogesso, fluorite)

É de salientar que a composição das matérias-primas dos métodos de produção de cimento seco e húmido pode variar em função da localização da fábrica de cimento, da disponibilidade de determinadas matérias-primas, das capacidades do equipamento, da procura de determinados tipos de produtos na região e muito mais [3]. O principal componente da produção de cimento   é o clínquer .

Produto intermédio semi-acabado obtido através da cozedura de uma mistura de 75% de calcário (giz, marga ou outras rochas) e 25% de argila. As matérias-primas são fundidas para formar grânulos. O clínquer é moído e combinado com aditivos moídos.

Todo o processo de produção de ligante de cimento pode ser dividido em 3 fases:

• A produção de clínquer por cozedura é o processo principal, o mais dispendioso e o que exige mais mão de obra;

• trituração do clínquer até à obtenção de um pó fino;

• mistura de pó de clínquer com aditivos em pó.

O fabrico do clínquer divide-se nas seguintes fases:

• entrega de matérias-primas de clínquer à fábrica de cimento;

• trituração de matérias-primas;

• misturar os componentes nas proporções especificadas na documentação técnica para posterior cozedura.

Existem várias tecnologias para a produção de cimento.

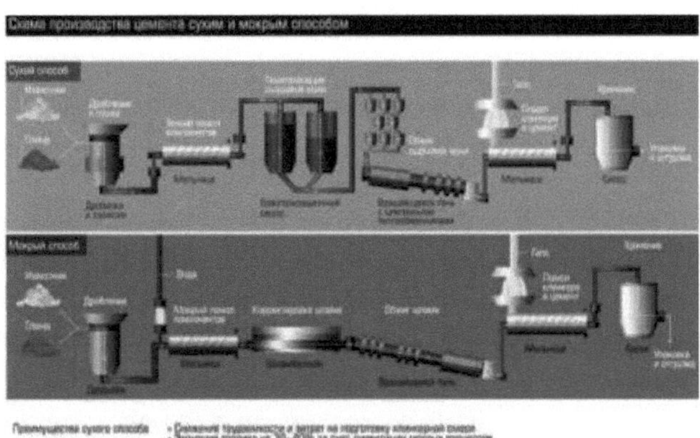

Figura 7. Tecnologia de produção de cimento [4].

A comparação das tecnologias de produção de cimento mostra que. Os métodos de produção por via seca e combinada são considerados como métodos de poupança de energia. Cada um dos métodos de produção de cimento acima mencionados (húmido, seco, combinado) tem as suas próprias vantagens e desvantagens.

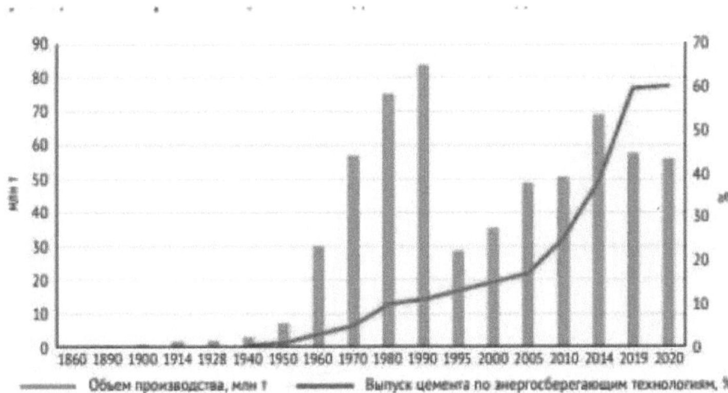

Figura 8. Comparação de tecnologias por ciclos tecnológicos por indicadores-chave

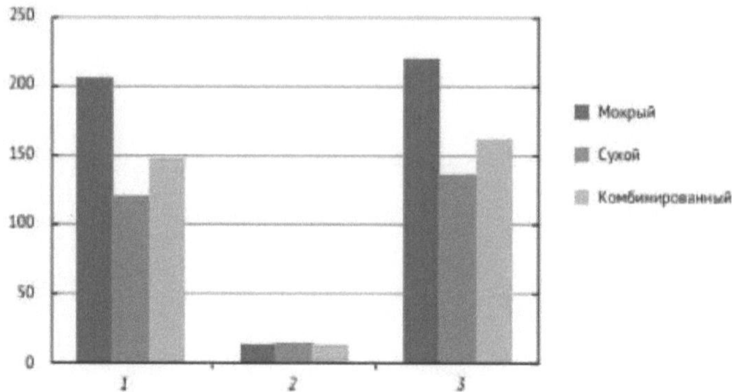

Figura 9. Médias anuais dos recursos energéticos por método produção, kg c.t. (1 kg = 8,141 kWh): 1 - consumo específico de combustível; 2 - consumo específico de energia; 3 - redução dos custos energéticos

Assim, por exemplo, a presença de água facilita a moagem dos materiais e a homogeneidade da mistura, mas o consumo de calor para queimar a mistura de matérias-primas no método húmido é 30-40% superior ao do método seco (Fig. 9).

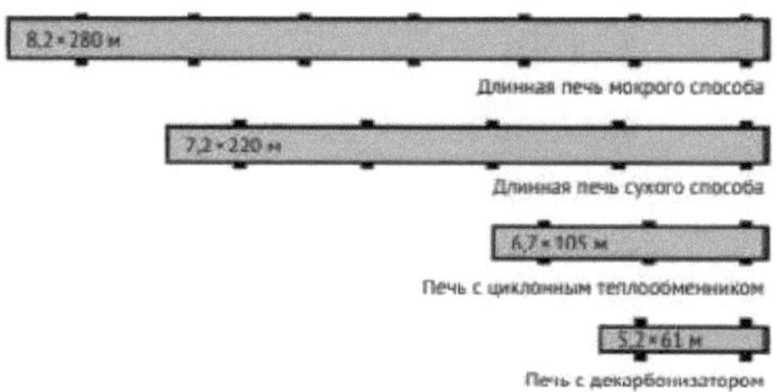

Figura 10. Dimensões calculadas de um forno rotativo para a produção de 5000 toneladas de clínquer por dia (de acordo com ZKG 4/2019)

A escolha dos métodos de produção de clínquer de cimento Portland é determinada por uma série de factores de carácter tecnológico e técnico-económico: propriedades das matérias-primas, a sua homogeneidade e humidade, disponibilidade de uma base de combustível suficiente na área de construção da fábrica. Quando a humidade natural das matérias-primas é superior a 18-20%, o método húmido é conveniente. Este método é também favorável quando se utilizam dois componentes moles (argila e giz), uma vez que a sua moagem é facilmente conseguida por agitação em água.

O método húmido é utilizado no caso de uma composição química variada. O método seco é racionalmente aplicado no caso de matérias-primas homogéneas, se a sua humidade não exceder 18-20%. Na prática, há exemplos de funcionamento bem sucedido de empresas que utilizam giz e marga com humidade até 26% (a fábrica de cimento bielorrussa, construída nos anos 80, tem trabalhado com estas matérias-primas desde o final do século passado). O método semi-seco dará bons resultados quando o clínquer é produzido a partir de matérias-primas suficientemente plásticas, quando se formam grânulos fortes e resistentes ao calor quando a mistura é granulada. Em caso de boa filtrabilidade das pastas de matérias-primas, deve ser privilegiado o método combinado. No método de produção por via seca, o calcário e a argila, depois de saírem do triturador, são secos até atingirem um teor de humidade de cerca de 1 % e triturados em farinha crua. Após a moagem, é doseada, calculada a média e ajustada em silos de mistura especiais e alimentada a permutadores de calor de ciclone [1].

As principais vantagens do método seco de produção de clínquer de cimento Portland são: - maior remoção de clínquer de 1m2 de unidade de forno do que no método húmido; - método económico (redução do consumo de combustível, custos de energia, preço de custo de 1 tonelada de cimento). No método por via húmida o consumo de energia para moagem é menor, uma vez que a moagem de materiais em ambiente aquoso é mais fácil, e algumas matérias-primas são capazes de amolecer (dissolver) em água - argila, giz. Se ambas as matérias-primas forem macias (giz + argila), a poupança de energia durante a moagem pode atingir 10 kW^h por tonelada de matérias-primas. O cálculo da média da carga é mais fácil e mais fiável em comparação com o estado em pó no método seco. Na preparação da lama da matéria-prima é necessário introduzir adicionalmente de 30 a 50 % de água, e depois tem de ser removida por evaporação (no forno de cimento), e está ligada a despesas excessivas de combustível e energia - em 1,5 -2,0 vezes mais, do que no método seco.

Como resultado, o consumo específico de calor no método húmido varia entre 5800 e 6500 kJ/kg de clínquer e no método seco é de 3100-3500 kJ/kg de clínquer, o que leva à redução do custo de produção. No método seco de preparação da carga, a secagem das matérias-primas é efectuada: antes da moagem ou simultaneamente com a moagem em trituradores ou moinhos. No método de produção por via húmida, as lamas são transportadas por via hidráulica - por gravidade ou com a ajuda de bombas centrífugas; no método por via seca, utiliza-se o transporte pneumático, parafusos e elevadores, o que aumenta a poluição do ar por poeiras nas lojas e no território da fábrica e requer a instalação de equipamento adicional para despoeirar o ar aspirado [1].

O volume de gases de forno no processo seco é 35-40 % inferior ao do processo húmido com a mesma capacidade de forno. Consequentemente, o método de produção por via seca reduz o custo de despoeiramento dos gases do forno, há mais oportunidades de utilizar o calor dos gases de escape do forno para a secagem de matérias-primas, o que reduz o consumo total de combustível para a produção de clínquer, embora cause complicações na tecnologia de produção. Assim, as fábricas de cimento recentemente construídas e concebidas no nosso país são concebidas para produzir cimento por via seca como um método mais económico (Fig. 34). A mesma tendência é observada em todos os países industrialmente desenvolvidos do mundo. O consumo médio de combustível na Rússia para queimar uma tonelada de clínquer no método de produção por via húmida é de 206,5 kg c.t. contra 121,5 kg c.t./tonelada de clínquer no método de produção por via seca. São consumidos aproximadamente 115 -125 kWh de eletricidade para produzir a mesma quantidade de cimento. Nos países industrialmente desenvolvidos, estes valores são uma vez e meia inferiores, e a produção por metro cúbico de fornos na Rússia é significativamente mais baixa. Os custos de combustível e eletricidade representam uma média de 40% do custo do nosso cimento e, em algumas empresas, até 60%.

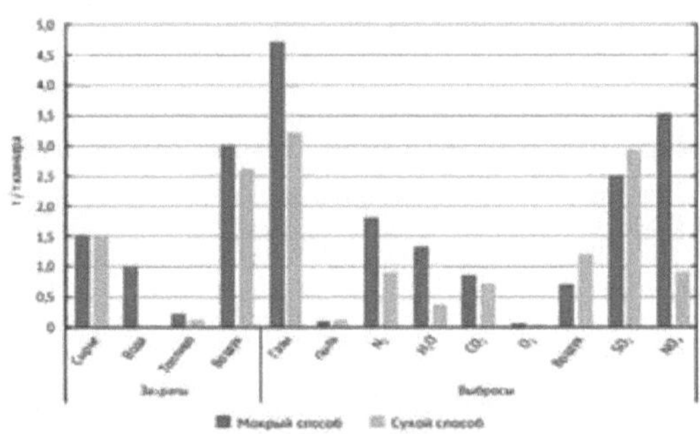

Figura 11: Balanço material do processo de produção de clínquer de cimento ortland pelos métodos de produção húmido e seco [1].

De um ponto de vista ambiental, o processo por via húmida tem o maior impacto negativo no ambiente, tendo em conta as entradas de materiais e as emissões poluentes (Fig. 10).

O consumo de recursos materiais e as emissões aumentam em 1,5 toneladas por tonelada de clínquer. A produção de clínquer de cimento Portland pelo método húmido requer aproximadamente o dobro do combustível do que pelo método seco. O calor gerado pela combustão do combustível de processo é utilizado para os processos térmicos de formação do clínquer, evaporação da água, bem como perdido com os gases residuais, com o ar do arrefecedor de clínquer, com o clínquer quente e para perdas directas para o ambiente.

Por outro lado, as emissões de ar quente terciário aumentam ligeiramente no processo seco devido à utilização de refrigeradores de clínquer modernos, ^{0} arrefecimento do clínquer de cimento Portland a temperaturas inferiores a 80 - 100 C. Os aerossóis provenientes de fornos rotativos do método seco caracterizam-se por uma elevada dispersão de partículas (até 75 % de partículas com menos de 5 mícrones) e por uma temperatura elevada em comparação com o método húmido. No entanto, devido à redução do consumo de materiais, do consumo de combustível e das emissões de gases e poeiras para a atmosfera, esta tecnologia é mais progressiva, tanto em termos económicos como ecológicos. A eficiência dos processos térmicos é, em regra, caracterizada pelo coeficiente de eficiência (COE), que representa o rácio entre a energia útil e a energia utilizada. No entanto, em vários casos, a eficiência energética (térmica) caracteriza o processo de forma insuficiente. Nos anos 50, foi utilizado um método baseado na utilização combinada das leis da termodinâmica, tendo em conta o papel especial do ambiente, para avaliar a eficiência dos processos de engenharia térmica; surgiu o termo "exergia".

Por exergia entende-se o trabalho que pode ser obtido de um sistema durante a sua transição reversível para um estado de equilíbrio com o ambiente. Assim, a exergia é a parte da energia contida num sistema que pode ser utilizada de um ponto de vista prático. A exergia é determinada pela diferença entre os valores das propriedades do sistema e do ambiente. Quanto maior for esta diferença, maior é a exergia, e se o sistema tiver parâmetros ambientais, a sua exergia é zero. O valor da exergia depende dos parâmetros ambientais (temperatura, pressão e composição). O método exergético é uma forma eficaz de analisar e otimizar os sistemas de processos térmicos e permite avaliar o grau de perfeição dos processos de transferência e conversão de calor e energia. A análise exergética divide-se em dois tipos: o método das perdas exergéticas, ou método entrópico, que consiste no cálculo das perdas exergéticas em todos os processos típicos individuais que compõem o sistema em consideração, e o método dos fluxos exergéticos, ou método do balanço, que consiste no cálculo da exergia dos fluxos de entrada e de saída do sistema e na compilação do balanço exergético e na determinação das perdas exergéticas como uma diferença da exergia dos fluxos de entrada e de saída.

Os métodos teóricos de análise exergética podem ser considerados como estando completamente desenvolvidos, mas em problemas aplicados são utilizados principalmente no estudo e otimização de processos de troca de calor a baixa temperatura. Nos fornos industriais, um produto útil é produzido a partir de matérias-primas não energéticas, e a energia para este fim é fornecida pela combustão de combustível. Para além dos produtos úteis, são também produzidos produtos residuais, que não são utilizados, mas cuja formação é parte integrante do processo tecnológico.

Nos sistemas de fornos de cimento, os processos de transferência de calor são auxiliares da tarefa principal de efetuar transformações estruturais e químicas no produto inicial de acordo com o regime de temperatura exigido. Assim, a possibilidade de transferir métodos exergéticos para os fornos de clínquer continua a ser questionável e requer um estudo mais aprofundado. Em 1996-2005. M. E. Verdijan e os seus colaboradores efectuaram uma nova abordagem à análise exergética do processo de produção de cimento. Definiram a exergia do material transformado como a sua capacidade de responder ao impacto exercido sobre ele. O valor exergético da carga inicial é determinado pela exergia dos componentes seleccionados. Por conseguinte, é necessário tentar selecionar componentes iniciais com valores elevados da sua exergia. Demonstra-se que a exergia da carga E da carga depende dos parâmetros que caracterizam os componentes brutos utilizados, a tecnologia da sua preparação e a cozedura:

$$E_{\text{шихты}} = f(KH,\ R008,\ Pe,\ W,\ T,\ S),$$

em que KN - composição química da carga de matéria-prima; R008 - grau de moagem da carga; Pe - grau de mistura da carga; W - teor de humidade; T - grau de tratamento térmico; S - tecnologia de preparação e queima da carga. Os cálculos efectuados mostraram que a exergia máxima das matérias-primas ocorre quando a humidade é mínima e a porosidade máxima. Por conseguinte, ao selecionar matérias-primas adequadas, o consumo mínimo de energia pode ser estabelecido logo na primeira fase da produção de cimento. As matérias-primas naturais e os produtos secos da combustão de combustíveis no modelo ambiental proposto são referidos como substâncias de referência, sendo a sua exergia química igual a zero. Por conseguinte, a exergia química no processo de cozedura do clínquer será diferente de zero para o combustível, o clínquer, o vapor de água e os produtos artificiais utilizados como aditivos de matérias-primas. No entanto, outros investigadores, comentando os resultados obtidos, salientaram que "uma séria desvantagem do material discutido parece ser a falta de indicações sobre a forma de calcular a exergia", e que os valores dados por M.E. Verdiyan não são exergia no sentido tradicionalmente entendido, mas uma parte da energia gasta necessária para obter o produto acabado32. Neste caso, a abordagem considerada pode ser inteiramente considerada como uma análise energética da tecnologia de produção de cimento. Ao mesmo tempo, os trabalhos de M. E. Verdiyan, P. V. Besedin e P. A. Trubaev consideram separadamente a análise exergética dos processos de cozedura do clínquer de cimento e o cálculo e formação da exergia do cimento nos moinhos.

Comparemos a eficiência energética de diferentes processos tecnológicos de cozedura de clínquer em fornos rotativos com arrefecedores de clínquer de grelha.

A eficiência térmica, que caracteriza as perdas de calor no processo, para as variantes consideradas varia pouco, e o seu pior valor é para o método seco com o menor consumo de combustível. Este facto explica-se pelas maiores perdas de calor neste método com os gases residuais e através do corpo do forno. Mas os rendimentos exergéticos do PE e do PE.p aumentam com a diminuição do consumo de combustível, o que se deve a uma diminuição da exergia do combustível à entrada com uma exergia constante do clínquer e uma exergia pouco variável dos gases residuais à saída. Uma vez que a entrada de calor para as reacções químicas de conversão da matéria-prima em clínquer é constante, a eficiência do processo aumenta com a diminuição do consumo de combustível.

A indústria do cimento é uma grande reserva ecológica com todas as possibilidades de utilização eficiente de várias matérias-primas secundárias: gás, metal, petróleo, carvão, biomassa, pneus de automóveis, resíduos agrícolas e resíduos domésticos (Quadro 1).

Quadro 2. Produção e utilização de materiais antropogénicos

Nome dos resíduos	D UMA saída	Utilização, %	Disponibilidade em lixeiras
Cinzas e escórias de centrais térmicas. milhões de toneladas	40	7	1500
Escória de alto-forno, milhões de toneladas	40	20	360
Escórias da metalurgia não ferrosa, milhões de toneladas	assim	2	450
Escórias de electrotermofosfato, milhões de toneladas	20	8	130
Escórias de aciaria, milhões de toneladas	10	0,5	70
Resíduos de madeira, milhões de m*	até 100	até 20	n/a
Fosfogesso, milhões de toneladas	25	5	280
Cinzas de pirite, milhões de toneladas	7	30	40
Areias calcárias, milhões de toneladas	175	7	n/a
Pneus usados, milhões de toneladas	12	4	n/a
Resíduos de construção e demolição, milhões de euros[5]	13	20	n/a
Resíduos sólidos urbanos, milhões de euros[1]	180	3	n/a

Nome dos resíduos Rendimento anual Utilização, % Presença em aterros Cinzas e escórias de centrais térmicas, milhões de toneladas 40 7 1500 Escórias de alto-forno, milhões de toneladas 40 20360 Escórias da metalurgia não ferrosa, milhões de toneladas 502450

Escórias de electrotermofosfato, mln t 20 8 130 Escórias de aciaria, mln t 10 0,5 70 Resíduos de madeira, mln m3 até 100 até 20 n/a Fosfogesso, mln t 25 5 280 Cinzas de pirite, mln t 7 30 40 Areias calcárias, mln t 175 7 n/a Pneus usados, mln t 12 4 n/a Resíduos de construção e demolição, mln m3 13 20 n/a Resíduos sólidos urbanos, mln m3 180 3 n/a

Uma vez que podem ser utilizados diferentes tipos de resíduos como matérias-primas, os princípios básicos da sua utilização, tais como a pré-triagem e a análise dos processos para a sua preparação, devem ser considerados antes de se decidir sobre a sua utilização. O clínquer de cimento Portland caracteriza-se por uma composição específica que predetermina as propriedades hidráulicas do cimento. Isto significa que todas as matérias-primas e cinzas combustíveis devem ser cuidadosamente combinadas em termos de composição mineral e taxa de alimentação para obter a composição especificada do clínquer. A fim de manter uma qualidade padrão do clínquer, devem ser efectuados estudos preliminares sobre o efeito dos resíduos nos processos de formação do clínquer. A decisão final sobre o tipo de resíduos que será aceite para utilização numa determinada instalação não pode ser genérica. Os recursos secundários que substituem os componentes carbonatados e argilosos incluem as escórias de alto-forno e da metalurgia dos metais não ferrosos, as cinzas e os resíduos de escórias, as lamas de nefelina, as aparas de produção de cascalho e agregados e os seguintes

Entretanto, é necessário utilizar tecnologias menos intensivas em capital e eficientes que já existem há muito tempo, como a moagem de matérias-primas e cimento num ciclo fechado. Neste caso, a qualidade do cimento é muito superior e o consumo de eletricidade para a sua moagem é reduzido em 15-30 por cento. Existem várias outras soluções técnicas testadas e comprovadas que garantem uma redução significativa do consumo de combustível para a queima do clínquer na produção de clínquer húmido. Uma delas é a redução da humidade das lamas através da utilização de novos diluentes de lamas mais eficientes, que permitem reduzir o consumo específico de combustível até 15-20 kg. A utilização de novos materiais de alto desempenho para o revestimento das zonas de preparação dos fornos rotativos também ajuda a poupar recursos, enquanto a alimentação adicional dos fornos com produtos tecnogénicos aumenta a sua produtividade e melhora a sua eficiência.

reduz o consumo de combustível em, pelo menos, 10 %. Tudo isto permite aproximar o método de produção por via húmida do método por via seca em termos de indicadores de consumo específico, para garantir a sua competitividade. A introdução de equipamentos modernos com permutadores de calor de ciclone e descarbonizadores, com refrigeradores de quinta geração nas instalações de moagem mais modernas com pré-desfibradores e separadores dos modelos mais recentes permitirá consumir não mais de 100-110 kg de combustível por tonelada de clínquer. Para reduzir o consumo de energia e melhorar a eficiência energética nas empresas, as medidas devem começar pela aplicação de soluções técnicas primárias integradas no processo tecnológico. Essas medidas primárias podem incluir o seguinte - otimização dos processos de cozedura e arrefecimento do clínquer de cimento Portland; - melhoria da homogeneidade da composição das matérias-primas; - melhoria da precisão da dosagem de combustível; - regulação do modo dinâmico de gás do funcionamento do forno e do arrefecedor; - utilização de sistemas informáticos de controlo da unidade. Considerando os princípios da eficiência energética em relação à produção de cimento, podem ser destacadas as seguintes formas de reduzir os custos de energia: - utilização de componentes de matérias-primas "não tradicionais"; - utilização de combustíveis alternativos; - utilização do calor dos gases residuais para a produção de energia eléctrica; - redução da percentagem de clínquer no cimento; - utilização de novos tipos de cimento promissores, como o cimento solidia, o cimento celitement e o biocimento, o geopolímero e o cimento belite; - progresso tecnológico e inovações. Em 2015, a SM Pro LLC fez uma previsão da economia das empresas de cimento na Rússia - calculou o custo de produção de 1 tonelada de cimento por métodos de produção a seco e a húmido, tendo em conta o custo de atração [1].

Entretanto, é necessário utilizar tecnologias menos intensivas em capital e mais eficientes que já existem há muito tempo, como a moagem de matérias-primas e de cimento num ciclo fechado. Neste caso, a qualidade do cimento é muito superior e o consumo de eletricidade para a sua moagem é reduzido em 15-30%. Há uma série de outras soluções técnicas experimentadas e testadas, que permitem uma redução significativa do consumo de combustível para a queima de clínquer no método húmido da sua produção. Uma delas é a redução da humidade das lamas através da utilização de novos diluentes de lamas mais eficientes, que permitem reduzir o consumo específico de combustível até 15-20 kg. A utilização de novos materiais altamente eficientes para o revestimento das zonas preparatórias dos fornos rotativos também ajuda a poupar recursos, e a alimentação adicional dos fornos com produtos artificiais aumenta a sua produtividade e reduz o consumo de combustível em pelo menos 10 %. Tudo isto permite aproximar o método de produção por via húmida do método de produção por via seca em termos de indicadores de consumo específicos e assegurar a sua competitividade. A introdução de equipamentos modernos com permutadores de calor de ciclone e descarbonizadores, com refrigeradores de quinta geração nas instalações de moagem mais modernas com pré-desfibradores e separadores dos modelos mais recentes permitirá consumir não mais de 100 -110 kg de combustível por tonelada de clínquer. A fim de reduzir o consumo de energia e melhorar a eficiência energética nas empresas, é necessário iniciar medidas com a implementação de soluções técnicas primárias integradas no processo tecnológico. Essas medidas primárias incluem o seguinte - otimização dos processos de cozedura e arrefecimento do clínquer de cimento

Portland; - melhoria da homogeneidade da composição das matérias-primas; - melhoria da precisão da dosagem de combustível; - regulação do modo de funcionamento gasodinâmico do forno e do arrefecedor;
- utilização de sistemas informáticos de controlo dos agregados. Considerando os princípios da eficiência energética aplicados à produção de cimento, podem destacar-se as seguintes formas de reduzir os custos energéticos - utilização de componentes de matérias-primas "não tradicionais"; - utilização de combustíveis alternativos; - utilização de calor de gases residuais para a produção de energia eléctrica; - redução da percentagem de clínquer no cimento; - utilização de novos tipos promissores de cimento, como o cimento solidia, celitement e biocement, geopolímero e cimento belite; - progresso tecnológico e inovações. Em 2015, a SM Pro LLC fez uma previsão da economia das empresas de cimento na Rússia - calculou o custo de produção de 1 tonelada de cimento por métodos de produção secos e húmidos, tendo em conta o custo do cimento atraído.

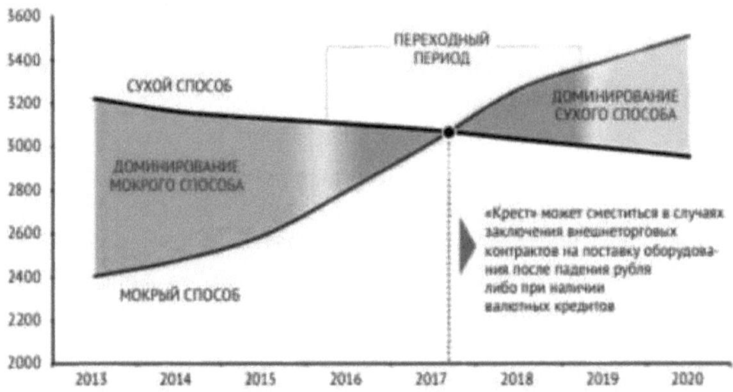

Figura 12: Custos de produção de 1 tonelada de cimento por via seca e húmida

métodos em 2013-2020, rub./t (efetivo e previsto) [1].
De acordo com Evgeny Vysotsky, Diretor Executivo da SM Pro LLC, a Rússia tem capacidade suficiente para satisfazer as necessidades do sector da construção até 2025. Os actuais
o excedente de mercado é o resultado de duas componentes: por um lado, a falta de procura (e aqui os planos do governo para a indústria da construção dão esperança de uma possível mudança no futuro), e por outro lado, a introdução de novas linhas com uma capacidade total, tendo em conta a atual gama de produtos, de cerca de 35 milhões de toneladas de cimento por ano. Falando em setembro de 2019 na XVII Conferência Internacional da Indústria e do Mercado

do Cimento da Ásia Central Business Cem Tashkent 2019, E. Vysotsky, tendo realizado uma análise estratégica da competitividade de cada empresa, mostrou que, nas condições actuais, o Índice de Competitividade (Índice K) de novas empresas secas individuais é comparável ao Índice K de empresas húmidas individuais. De acordo com E. Vysotsky, isto significa que, para além do método de produção, a competitividade da empresa é influenciada pelo afastamento da empresa dos principais mercados de venda, ou seja, pela logística. Atualmente, a escolha do método de produção não é um fator determinante na avaliação da competitividade de uma empresa que garante um resultado financeiro estável ao proprietário. O método de produção por via seca ou húmida é uma questão de custo de produção. No entanto, para além do custo de produção, os custos financeiros por tonelada e a logística são componentes essenciais do custo das mercadorias para o consumidor. Ao mesmo tempo, é necessário ter em conta o respeito pelo ambiente da produção. Atualmente, nas instalações de processamento por via húmida com filtros de mangas modernos ou precipitadores electrostáticos, as emissões (especialmente de sólidos em suspensão) são significativamente mais baixas do que em algumas instalações de processamento por via seca, colocadas em funcionamento nos últimos 10-15 anos. Assim, atualmente, a produção a seco ou a húmido não é um fator-chave de vantagem competitiva. O fator clínquer, ou rácio clínquer/cimento (ou seja, o teor de clínquer no cimento), é indicativo da compatibilidade ambiental da produção de cimento: quanto mais baixo for o rácio, menos gases com efeito de estufa CO_2 são emitidos quando se produz 1 kg de cimento (Figura 45)

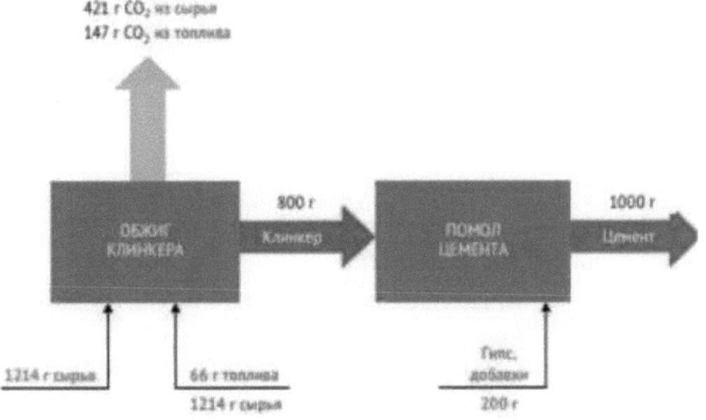

Figura 13. Emissões de CO2 durante a produção de 1kg de cimento.
As emissões de gases com efeito de estufa, especialmente o dióxido de carbono (CO2), estão principalmente relacionadas com a combustão de combustíveis e com a descarbonização do calcário, que na sua forma pura contém 44% em peso

de CO_2. A produção de cimento tem sido considerada uma fonte prioritária de emissões industriais de gases com efeito de estufa, não só na UE, mas também em muitos países do mundo. No entanto, o dióxido de carbono não está incluído na lista de parâmetros de produção normalizados. Pelo contrário, na União Europeia, as emissões de CO2 da produção de cimento estão incluídas no Sistema de Comércio de Emissões de Gases com Efeito de Estufa. Em muitos países do mundo, estão a ser desenvolvidas e implementadas orientações sectoriais para melhorar a eficiência energética e, em alguns casos, para reduzir as emissões de gases com efeito de estufa. Orientações sectoriais para a melhoria da eficiência energética

eficiência energética são a Energy Star (EUA), as Directrizes de Gestão da Energia (Reino Unido) e a Diretiva relativa às emissões industriais (UE).

A Iniciativa para a Sustentabilidade do Cimento (CSI), juntamente com a Agência Internacional da Energia (AIE), estabeleceu como objetivo aceitável para 2050 emissões de 370 kg de CO2 por 1 kg de cimento Portland. ^{0}Este objetivo corresponde a um cenário de aumento de 2° C na temperatura ambiente global até 2100. Para além de operações adequadas de cozedura do clínquer de cimento, são recomendados os seguintes métodos de prevenção e controlo de CO_2: - seleção de um processo e modo de funcionamento que promova a eficiência energética   (secagem /

pré-aquecimento / pré-combustão); - seleção de combustíveis com baixo teor de carbono em relação ao poder calorífico (por exemplo, gás natural, gasóleo ou alguns resíduos utilizados como combustível); - aumento da utilização de combustíveis biogénicos (neutros em termos de CO_2); - seleção de matérias-primas com baixo teor de matéria orgânica; - produção de cimentos multicomponentes, que têm potencial para reduzir significativamente o consumo de combustível e, consequentemente, as emissões de CO2 por tonelada de produto final. A nível mundial, o fator clínquer tem vindo a diminuir desde 1990. A análise dos dados apresentados mostra que o menor rácio clínquer/cimento é caraterístico da Índia e do Brasil, que são os líderes na produção de cimento. Assim, a produção de cimentos multicomponentes (em que o fator de clínquer é de 0,70 - 0,75) permite reduzir significativamente o consumo de matérias-primas e de combustível, o que, consequentemente, conduz a uma redução das emissões de CO_2. A este respeito, a estrutura de tipo da produção de cimento é objeto de grande atenção. Na estrutura de tipos de produção de cimento, é de notar que a quota de produção de cimento de escória Portland tem vindo a diminuir desde há muito tempo. Se em 1990 a sua quota na produção total era de cerca de 28%, atualmente é de cerca de 3%. Este facto leva a um aumento do custo do cimento e, consequentemente, a um aumento do seu preço. Em 2010, a indústria produziu 48% de cimentos não misturados e 52% de cimentos misturados, e em 2020. A produção de cimentos misturados diminuiu para 31%, enquanto a quota de cimento Portland sem aditivos minerais aumentou 12% para 34,95 milhões de toneladas. As nossas fábricas produziram 19,77 milhões de toneladas de cimento Portland com aditivos, menos 1,5% do que em 2019. A produção de cimento Portland com escórias (2,5% da produção total de cimento no país) diminuiu 2,9% para 1,4 milhões de toneladas. Os cimentos mistos têm vindo a registar uma diminuição constante. Para além das escórias, o clínquer pode ser substituído por cinzas volantes, pozolanas, calcário, etc. [1].

Para aumentar a eficiência dos processos de moagem na tecnologia do cimento, são utilizados métodos físicos e químicos de intensificação, baseados na criação de um meio ativo de adsorção no moinho, através da introdução de pequenas quantidades de substâncias tensioactivas (tensioactivos) na primeira câmara num estado de dispersão fina (atomizado). Os amino-álcoois, os álcoois superiores, os lignossulfonatos ou as suas composições e uma série de outros aditivos são considerados intensificadores eficazes da moagem na produção moderna de materiais aglutinantes. Atualmente, a trietanolamina (TEA) - $N(CH_2 - CH_2 - CH_2)_3$ - é um produto escasso e dispendioso, pelo que a sua introdução é limitada, o que levou à necessidade de encontrar novos tensioactivos altamente eficazes e mais baratos. Além disso, na síntese de tensioactivos é muito promissora a utilização de resíduos de várias indústrias como matéria-prima, o que contribui para reduzir o custo dos aditivos e a utilização de resíduos industriais, constituindo a base deste estudo.

1.2 Formas de reduzir o consumo de energia na indústria cimenteira.

Problema ecológico e aplicação de resíduos industriais na produção de cimento. Na produção de cimento, vários resíduos de outras indústrias são amplamente utilizados, sendo a conveniência da sua aplicação ditada por dois factores principais: a necessidade de proteger o ambiente (melhorando a situação ecológica em diferentes regiões do país) e o desejo de alcançar um elevado desempenho técnico e económico, principalmente reduzindo os custos de combustível e energia.

A utilização de resíduos industriais é efectuada em três direcções principais: introdução na carga de matéria-prima durante a cozedura do clínquer; introdução na composição do cimento como regulador do tempo de presa, intensificador da matéria-prima e moagem do clínquer.

A utilização de recursos secundários na produção de cimento permite reduzir em 18,8% a utilização de matérias-primas e aditivos naturais no conjunto da indústria cimenteira.

Atualmente, são utilizadas mais de 70 milhões de toneladas de matérias-primas secundárias na indústria cimenteira [6-9], incluindo 30,7 milhões de toneladas de escórias granuladas de alto-forno, 5,2 milhões de toneladas de lamas de nefelina, 3 milhões de toneladas de aditivos de ferro, 2,7 milhões de toneladas de escórias de electrotermofosforo, 1 milhão de toneladas de escórias e cinzas de combustíveis.

A utilização de resíduos está a tornar-se cada vez mais necessária para muitas fábricas de cimento devido ao esgotamento das matérias-primas naturais e à necessidade de intensificar e economizar a produção de cimento. As pedreiras de argila estão a esgotar-se de forma particularmente rápida, uma vez que a sua capacidade de armazenamento é normalmente pequena. As novas jazidas exploradas encontram-se normalmente longe da fábrica e muitas vezes sob terrenos agrícolas.

A utilização de resíduos na indústria cimenteira permite resolver o problema da utilização de resíduos de forma mais radical, em primeiro lugar, do ponto de vista quantitativo, uma vez que a produção de cimento é em massa e multi-tonelagem, e as fábricas de cimento estão localizadas em quase todas as regiões. Em segundo lugar, a utilização de resíduos industriais na produção de cimento tem uma elevada eficiência técnica e económica, principalmente devido à utilização integrada de matérias-primas e à redução da afetação de terrenos para pedreiras e lixeiras. Além disso, a utilização de resíduos que já foram <u>submetidos a </u>tratamento térmico conduz sempre à redução do consumo de combustível para a produção de cimento. Em terceiro lugar, esta questão é importante para o desenvolvimento da própria indústria cimenteira em termos de garantia da base de matérias-primas e de melhoria da qualidade do cimento. Em quarto lugar, a produção de cimento é isenta de resíduos e permite não só uma utilização eficiente dos resíduos, mas também uma utilização mais racional e abrangente dos materiais naturais, por exemplo, a indústria do cimento é o único domínio em que todos os componentes dos combustíveis sólidos são totalmente utilizados. Os combustíveis ardem e fornecem o calor necessário ao processo, enquanto as cinzas são totalmente incorporadas no produto acabado - o clínquer, reduzindo o consumo do componente natural argila. Em todas as outras indústrias, as cinzas provenientes da combustão da hulha são um produto residual.

Assim, a questão da utilização de resíduos na indústria cimenteira pode e deve ser radicalmente resolvida na fase de conceção e construção de novos fornecedores de resíduos e fábricas de cimento. Ao mesmo tempo, em condições específicas, é possível utilizar eficazmente os resíduos nas fábricas de cimento existentes. Neste caso, há frequentemente problemas que têm de ser resolvidos [5-7J. Em primeiro lugar, trata-se da capacidade de processamento do material na produção e durante o transporte. É de notar que a maioria dos resíduos que saem diretamente da produção sem processamento adicional não é tecnológica.

Em segundo lugar, há questões de transporte, uma vez que os resíduos estão localizados num local e as fábricas de cimento noutro. Dependendo da distância e da disponibilidade e condições das estradas, pode ser utilizado tanto o transporte rodoviário como o ferroviário, o que deve ser tido em conta na avaliação da eficiência económica da utilização dos resíduos.

Em terceiro lugar, para garantir a estabilidade da tecnologia e a qualidade do cimento, a homogeneidade da composição química dos resíduos utilizados ao longo do tempo é de grande importância. Na maioria dos casos, os resíduos são obtidos em empresas cuja tecnologia de produção não é menos estável do que a tecnologia do cimento, pelo que a homogeneidade da composição química dos resíduos é bastante satisfatória para a produção de cimento.

Em quarto lugar, em alguns casos, pode ser necessário alterar a tecnologia de produção de cimento devido à utilização de resíduos com propriedades muito diferentes das matérias-primas naturais. Neste caso, será necessária a investigação científica e o desenvolvimento de uma nova tecnologia.

Em quinto lugar, com a mais ampla utilização de resíduos, a indústria cimenteira, que produz principalmente cimentos à base de clínquer de cimento Portland, não pode consumir grandes quantidades de alguns resíduos porque o seu consumo é limitado pela composição de silicatos do clínquer.

O enorme volume de produção de cimento no país exige um consumo significativo de combustível e eletricidade. No custo da produção de cimento, a percentagem de combustível é de 25%, a eletricidade é de 14%, e no custo do clínquer os custos de combustível chegam a 43% [8]. A redução dos custos de combustível e eletricidade na indústria do cimento é de grande importância, uma vez que permite reduzir o custo de produção e poupar quantidades significativas de combustível e eletricidade, o que é de grande importância económica nacional.

Uma das formas importantes de resolver este problema é a utilização generalizada de vários aditivos químicos na indústria do cimento. Uma quantidade muito pequena destes aditivos pode reduzir os custos energéticos e intensificar os processos tecnológicos de produção de cimento, bem como acelerar o endurecimento do ligante e reduzir o seu consumo em betão e argamassas e melhorar a qualidade destas últimas.

A produção mundial de pó atinge atualmente 23 mil milhões de toneladas por ano, o que consome quase toda a eletricidade produzida.

A moagem de materiais na tecnologia do cimento é também o processo que consome mais energia. A moagem de materiais tem uma influência decisiva na qualidade dos clínqueres e do cimento produzidos, uma vez que o aumento do grau de moagem das matérias-primas até determinados limites melhora a sua sinterabilidade, melhora a qualidade do clínquer e assegura a sua composição uniforme [9,10].

As operações de trituração e moagem consomem 70-80% da eletricidade utilizada na produção de cimento. Quando se utilizam matérias-primas de carbonato de rocha dura e combustível sólido, o consumo de eletricidade por 1 tonelada de cimento é de 100 -120 kWh, quando se trabalha com matérias-primas moles e combustível líquido ou gasoso - 60 -80 kWh.

Uma das medidas que permite reduzir o consumo de energia no processo de moagem de matérias-primas e clínquer é a utilização de intensificadores de moagem - substâncias tensioactivas (surfactantes).

Devido ao aumento da quota de produção de cimento seco, nos últimos anos, a intensificação da moagem a seco de matérias-primas também tem sido efectuada [11]. A introdução de tensioactivos na moagem a seco de matérias-primas reduzirá o consumo de eletricidade e de ar comprimido e intensificará as operações de cálculo da média, homogeneização, transporte e descarga de farinha crua [12,13].

Dependendo da dureza dos materiais a moer, da finura da moagem e do tipo de unidade de moagem, o processo de moagem do clínquer consome até 40% do balanço energético total na produção de cimento, ou seja, 35-40 kWh.

A análise da literatura sobre a redução do consumo de energia mostra que as questões da redução do consumo de energia, do aumento da produtividade da moagem e da produção de cimentos de endurecimento rápido e de elevada resistência com uma área de superfície específica elevada requerem principalmente, para além de outras medidas, uma ampla aplicação de intensificadores da moagem de cimento. Tais tensioactivos, como a trietanolamina (TEA), a monoetanolamina (MEA), o bardeto de sulfito-alcoólico (SAB), o sabão em pó, o óleo de sabão, os lignossulfonatos técnicos e outros, têm sido investigados e aplicados, permitindo aumentar a produtividade dos moinhos em 15-25% e reduzir o consumo de energia até 15% [14-17].

Capítulo 2

Clínquer de cimento.
2.1 Peculiaridades do processo de trituração de materiais sólidos num ambiente de superfície ativa

O clínquer de cimento é um sólido policristalino elástico-plástico constituído por 75-82% de minerais de silicato e 18-25% de minerais fundidos. Os minerais: o clínquer tem diferentes fragilidades. Os minerais mais frágeis são: intermédios e alite, e o menos frágil é a belite [18].

A diferença na fragilidade é explicada pela grande defetividade da estrutura cristalina dos minerais e pela presença de "vazios" devido à irregularidade da coordenação iónica [19].

[2]O cimento é moído em três fases [18], na primeira fase o trabalho de moagem até 1200 -1500 cm/g é proporcional à nova superfície formada do material moído, o clínquer é destruído por pontos fracos, defeitos na estrutura. [2]A resistência à moagem no intervalo de 1200 - 1500 a 2300 -2700 cm /g aumenta acentuadamente na segunda fase. A moabilidade nesta fase depende da microestrutura do clínquer: tamanho, forma, natureza da agregação de cristais, conteúdo quantitativo da fase vítrea. [2]Quando o clínquer é moído até uma superfície específica de 2300 -2700 cm /g ou mais (fase III), a dependência rectilínea inerente às duas primeiras fases é quebrada, o que é causado pelos fenómenos de aderência e agregação.

Na moagem fina do clínquer, as partículas mais pequenas do cimento moído aderem aos corpos moedores e às superfícies internas dos moinhos com uma camada bastante forte, e também se agregam umas às outras com a formação de grumos, flocos, placas. Estes fenómenos pioram drasticamente as condições do processo de moagem consumo de energia para esmagamento adicional de partículas de cimento recém-agregadas, para deformações irreversíveis de plástico da camada aderente, aumento da quantidade de trabalho de fricção reduzir o clínquer.

A redução da energia de impacto dos corpos moedores reduz a produtividade dos moinhos em 20-25% e aumenta a temperatura no interior dos moinhos. A continuação da moagem intensifica a aderência e a agregação, o que leva à cessação do crescimento da área de superfície específica ou mesmo à sua redução. Toda a energia gasta na moagem é canalizada para a formação de agregados [9,10, -20 -13].

Acredita-se [24] que o processo de aderência ocorre devido à pressão das partículas de cimento em defeitos na superfície dos corpos moedores e do revestimento da armadura. Outros autores [25-27] explicam os fenómenos de colagem e agregação pela formação de forças moleculares não compensadas na superfície das partículas de cimento durante a dispersão, adsorvendo moléculas de vapor e de gás do ambiente.

A teoria eletrostática da dupla camada eléctrica é amplamente difundida [28-30]. De acordo com esta teoria, durante a moagem do clínquer, o fenómeno de eletrificação por contacto ocorre devido à rutura da dupla camada eléctrica na fronteira entre a partícula de cimento e o ambiente [28]. Neste caso, as partículas de cimento estão carregadas eletricamente, as partículas de carga oposta são atraídas e a sua agregação ocorre, a superfície dos corpos moedores durante a moagem adquire uma carga oposta à das partículas de cimento, o que leva ao fenómeno de aderência.

O processo de fratura ocorre sob a aplicação de forças mecânicas, que contribuem para a expansão das microfissuras existentes e para a formação de novas fissuras nucleadas nas camadas de um corpo sólido. Os processos de formação de fissuras nucleadas em casos de fratura frágil de corpos são bem explicados pela teoria dos deslocamentos, segundo a qual a fratura de corpos a baixa temperatura é precedida por deformação plástica localizada como resultado de deslizamento ou geminação, o que é inevitável mesmo em casos de desenvolvimento rápido de fissuras [31].

As fissuras nucleiam como resultado da formação de aglomerados de deslocações e da sua fusão em frente de fronteiras gémeas, fronteiras de blocos e de grãos ou películas de superfície [32]. O tamanho do grão também afecta a magnitude da resistência à fratura de um sólido. À medida que o tamanho do grão aumenta, o comprimento do caminho de deslizamento contínuo aumenta, o que aumenta a probabilidade de iniciação de fissuras [31,33]. Pelo contrário, a diminuição do tamanho do grão aumenta a resistência à fratura frágil, porque um aumento do número de fronteiras entre os grãos aumentará os processos de absorção de energia, impedindo assim o desenvolvimento de fissuras.

A moagem fina na indústria do cimento é efectuada em moinhos de bolas. Sob a ação da carga de trituração, os pedaços de material transformam-se em pó fino com elevada energia de superfície livre.

A interação superficial das partículas de material dispersas tem um impacto negativo na eficiência do processo de trituração de bolas, uma vez que leva à aderência do material triturado às superfícies de trabalho das placas de trituração, de carga e de blindagem. Este facto reduz a eficiência da transmissão da força de deformação dos corpos de trabalho para o material triturado.

A forma mais eficaz de reduzir a interação superficial das partículas de material disperso é a adição de substâncias tensioactivas (surfactantes). Estas substâncias, ao adsorverem-se na superfície das partículas do material, reduzem a sua energia de superfície, bem como o número e a área dos possíveis contactos de superfície da fase sólida. Além disso, as moléculas de tensioactivos, que cobrem a superfície das partículas do material, contribuem para a sua destruição. Este fenómeno foi descoberto em 1928 por P. A. Rebinder e é designado por redução por adsorção da resistência do corpo sólido [34.

De acordo com a teoria de P.A.Rebinder e B.V.Deryagin [35,36], a redução da resistência ou dureza de um material no processo da sua dispersão é causada pelo facto de um corpo sólido conter muitas inomogeneidades, começando por defeitos na estrutura cristalina e terminando com microfissuras de diferentes tamanhos numa peça de material. Sob a influência de forças mecânicas externas, surge no corpo sólido uma zona de fracturação aumentada, a chamada zona de pré-fratura.

As microfissuras abertas, em virtude da atração mútua devido à criação de energia de superfície livre em excesso nas suas paredes, após a remoção da carga são novamente fechadas. Os tensioactivos, adsorvidos na superfície dos materiais triturados, penetram nas microfissuras, formam camadas densas que reduzem a força de atração das partículas sólidas e impedem o fecho das microfissuras, além de produzirem uma ação de encravamento, o que reduz significativamente o trabalho despendido na destruição de um corpo sólido. Este facto é de particular importância no caso de aplicação repetida de forças no processo de fratura mecânica.

A análise dos métodos existentes em vários domínios da tecnologia química para avaliar a interação superficial de materiais dispersos mostra que a interação superficial de partículas de materiais sólidos é mais adequadamente avaliada por indicadores que caracterizam o processo da sua prensagem [37]. O processo de prensagem de materiais a granel é normalmente dividido em três fases principais.

Na primeira fase, a força de compressão é utilizada para superar as forças de coesão que actuam entre as partículas de material disperso e contribui para a sua compactação significativa. Na segunda fase da prensagem, ocorre uma deformação plástica de contacto local do material, acompanhada de uma ligeira compactação. A terceira fase caracteriza-se pela deformação de todo o volume das partículas e é acompanhada pela sua destruição. Com base nestes fundamentos da teoria da prensagem de materiais em pó, podemos assumir que, num moinho de bolas, o material disperso é sujeito a três fases de prensagem quando uma bola de metal cai sobre ele. Neste caso, parte do trabalho realizado pela esfera em queda é gasto na superação das forças das interacções superficiais das partículas associadas à presença de energia livre na sua superfície (contactos superficiais facilmente destrutíveis e recuperáveis). Parte do trabalho da bola em queda é gasto na criação de fortes contactos superficiais das partículas como resultado da sua deformação plástica. Uma vez que a soma destes trabalhos realizados pela queda da esfera predetermina, principalmente, os custos adicionais da moagem associados às interacções superficiais das partículas dos materiais a moer, o valor proporcional a esta pode servir como parâmetro quantitativo de caraterização destas interacções superficiais.

[1]Estudos estabeleceram [11] que esse valor é o trabalho A , gasto na prensagem de I grama de material para criar contactos fortes e fracturáveis, facilmente quebráveis e recuperáveis, actuando sobre a unidade da sua superfície de contacto:

$$A = P \, K_1 (W_0^1 - W_1)$$

[2]em que $P \, K1$ é a tensão que actua sobre a unidade de contactos - superfície das partículas de material no final da primeira fase da sua prensagem, g/s.m ;

$W1$ - volume de poros em 1 grama de material disperso no final da primeira fase da sua prensagem, cm3;

$w01$ é o volume que seria ocupado pelos poros em 1 grama de material disperso a granel livre, para quebrar 3 contactos superficiais fortes, cm

O valor foi denominado "índice de agregação do material disperso". A sua dimensão corresponde à uniformidade de trabalho - g/cm.

2.2 Avaliação da eficácia dos tensioactivos na trituração de materiais sólidos

Ao estudar o processo de moagem de vários tipos de materiais sólidos num moinho de bolas descontínuo de laboratório, os autores [37] verificaram que, na fase inicial do processo, a dependência da variação do teor de partículas superiores a 80 mícrones com o tempo de moagem se aproxima de uma reta e, portanto, pode ser descrita pela seguinte equação

$$\Delta R008 = K \, t \quad (1)$$

$\Delta R008$ em que é a variação do teor de partículas com dimensão superior a 80 microns no material pulverizado durante o tempo t, %.

K - constante da taxa de moagem grosseira, %/min.

À medida que a dispersão dos materiais aumenta, a velocidade do processo de trituração diminui, o que se deve ao reforço da interação superficial das partículas a destruir, bem como ao facto de a redução do tamanho das partículas nas mesmas reduzir o número de defeitos que contribuem para a deformação (poros, fissuras, etc.).

$\Delta R008 = f \; (t)$ A dependência de desvia-se cada vez mais da rectilínea, e verificou-se [37] que, para todos os materiais investigados, o desvio desta dependência da rectilínea ocorre quase simultaneamente com um aumento acentuado da interação superficial das partículas destruídas.

Por fim, para alguma dispersibilidade dos materiais moídos, o aumento do tempo de moagem não leva a uma diminuição do teor de partículas maiores que 80 μm, ou seja.

$$\Delta R008 = \Delta R008max \qquad (2)$$

$\Delta R008max$ em que é a variação máxima do teor de partículas de dimensão superior a 80 mícrones no material moído, que pode ser obtida nas condições dadas do seu processo de moagem, %.

Com base nestas disposições básicas da cinética do processo de moagem a vapor de materiais, pode ser utilizada a seguinte equação empírica para o descrever

$$\Delta R008 = \frac{\Delta R008max \cdot t}{\Delta R008max \cdot \dfrac{A_0}{K \cdot A} + t} ,$$

$$(3)$$

em que A_0 e A *são os* índices de agregação do material, respetivamente, que chega à trituração e é pulverizado durante o tempo t, g.cm.

$\Delta R008 = f$ Esta equação mostra que, na fase inicial da cominuição em t pequeno, quando as interacções superficiais das partículas destrutíveis são pequenas e a cominuição é insignificante ($A_0/A=1$), *a* dependência *(t)* aproxima-se da forma $\Delta R008 = K\,t$

À medida que as partículas do material mudam, as suas interacções superficiais aumentam. $A_0/A \; \Delta R008max \cdot A_0/K \cdot A$ Finalmente, após um determinado tempo de moagem, a alteração do teor de partículas maiores que 80 μm no material a moer praticamente pára. $\Delta R008max \cdot A_0/K \cdot A <$ Neste caso, t e a equação (3). assume a forma de

$$\Delta R008 = \Delta R008max \qquad (3a)$$

O valor da constante K *da* taxa de trituração grosseira a uma regulação mecânica inalterada do <u>moinho</u> depende apenas das propriedades individuais das partículas a triturar (porosidade, microestrutura, etc.) e não depende da magnitude da interação superficial. Por conseguinte, a constante K pode ser utilizada para avaliar o efeito da redução da adsorção da resistência do material moído na presença de tensioactivos. Quanto mais intensa for a interação superficial entre as partículas do material a moer, menor será a alteração máxima do teor de partículas de dimensão superior a 80 μm, que pode ser obtida no moinho independentemente da velocidade de moagem na fase grosseira. $\Delta R008max$ Este valor pode ser utilizado para avaliar a influência dos tensioactivos na fase do processo de trituração dos materiais, cuja cinética é determinada pelas interacções superficiais das partículas a triturar.

Quando se dispersa sob a ação de forças externas, a matéria condensada sofre primeiro uma deformação volumétrica (deformação elástica e plástica) e só depois é destruída por uma determinada força [38]. Assim, o trabalho necessário para a dispersão pode ser dividido em duas partes. Uma parte do trabalho é gasta na deformação volumétrica do corpo e a outra parte é gasta na formação de novas superfícies. O trabalho de deformação elástica e plástica é proporcional ao volume

$$W_{деф}=K\ V \quad (4)$$

em que K é o coeficiente de proporcionalidade igual ao trabalho de deformação volumétrica de uma unidade de volume de um corpo condensado;
V é o volume do corpo.
O trabalho de formação de uma nova superfície durante a dispersão é proporcional à sua perturbação:

$$W_n = \sigma\,\Delta S \quad (5)$$

σ onde é a energia de formação da unidade de superfície, ou tensão superficial;
ΔS - o incremento de superfície, ou a área da superfície resultante.
O trabalho total despendido na dispersão é expresso pela equação de Rebinder:

$$W = W_{деф}+W_n=K\ V+\sigma\,\Delta S \quad (6)$$

$V\sim d^3$ (d S$\sim d^2$),Uma vez que a deformação volumétrica é proporcional ao volume do corpo (e é a dimensão linear do corpo) e a alteração da superfície é proporcional à sua superfície inicial, então

$$W=K_1 d^3+K_2 d^2\ \sigma = d^2(K_1 d+K_2\ \sigma) \quad (7)$$

Em que K1 e $K2$ são os coeficientes de proporcionalidade.
Da relação (7) resulta que, para grandes dimensões do corpo (para grandes valores de d), é possível negligenciar o trabalho de formação da superfície, então

$$W=K_1 d^3 \quad (8)$$

ou seja, o trabalho total de dispersão é determinado principalmente pelo trabalho de deformação elástica e plástica. Para calcular o trabalho de esmagamento, como a primeira fase de destruição de pedaços relativamente grandes de material, podemos usar esta relação.
Para pequenos valores de d, a equação (7) transforma-se na relação

$$W=K_2\,\sigma\,d^2 \quad (9)$$

uma vez que, neste caso, o trabalho de deformação volumétrica pode ser negligenciado. Quanto mais fino for o material a dispersar, melhor deve ser a relação (9). Assim, esta relação pode ser utilizada para determinar o trabalho de trituração - a segunda fase da dispersão Nesta fase, como se depreende da relação **(9), o** trabalho total de dispersão é determinado principalmente pelo trabalho de formação de uma nova superfície, ou seja, o trabalho de superação das forças de coesão.

Durante a trituração e a moagem, os materiais são destruídos principalmente em locais de defeitos de resistência (macro e microfissuras). Por conseguinte, a resistência das partículas aumenta à medida que são trituradas, o que é normalmente utilizado para criar materiais mais fortes, à medida que são triturados, conduz a um maior consumo de energia para uma maior dispersão.

A fratura dos materiais pode ser facilitada através da utilização do efeito Rebinder, que consiste na diminuição da resistência dos sólidos por adsorção, tal como referido anteriormente [35].

Propriedades dos tensioactivos. Parâmetros que caracterizam a eficácia da aplicação do tensioativo como intensificador da moagem

De acordo com os trabalhos de P. A. Rebinder e da sua escola, a base da diminuição da resistência dos sólidos num meio tensioativo é a redução da energia de superfície das moléculas tensioactivas dos materiais dispersos, o que, como indicado acima, também reduz a magnitude da interação superficial entre as suas partículas. Por conseguinte, a capacidade de diminuir a energia superficial dos materiais dispersos é uma propriedade importante dos tensioactivos, que determina a eficácia da sua utilização como intensificador da moagem.

Em [11] foi demonstrado que o valor da sua atividade de adsorção D na superfície deste corpo pode servir de parâmetro para caraterizar indiretamente a capacidade de uma molécula de tensioativo para reduzir a energia de superfície do corpo:

$$D = \frac{G}{C} \quad (10)$$

em que G é o valor de adsorção do tensioativo na superfície do sólido aquando da formação de uma camada monomolecular g (tensioativo)/g (sólido);

C - concentração de tensioativo em solução, a partir da qual se forma a camada monomolecular de adsorção na superfície do sólido g (tensioativo)/g (sólido).

Esta equação mostra quantas vezes menos moléculas de tensioativo podem ser adsorvidas por revestimento monomolecular da superfície sólida em comparação com o seu conteúdo inicial na solução antes da adsorção.

Na superfície de sólidos reais, existem sempre microporos e fissuras com dimensões transversais de moléculas de surfactante.

Quando adsorvidas, as moléculas de tensioativo não conseguem penetrar nesses microporos e fissuras e, por conseguinte, produzem neles um efeito de redução da força de adsorção. $(S_{эф})$ A capacidade das moléculas de tensioativo para cobrir a superfície de um sólido é geralmente estimada pela área que ocupam num dado sólido quando a camada monomolecular está preenchida [35]:

$$S_{эф} = \frac{S\,M}{G\,N} \qquad (11)$$

Onde S é a área de superfície específica do sólido (geralmente encontrada a partir da adsorção de azoto a baixa temperatura),

N $é\ o$ número de Avagadro;

M é a massa molecular do tensioativo.

O valor Sef é frequentemente designado por área efectiva da molécula de tensioativo na superfície de um sólido, sendo a sua dimensão A

2.3. Características dos tensioactivos e composição funcional como intensificadores de moagem

De acordo com a natureza da adsorção e o mecanismo de estabilização dos sistemas dispersos, os tensioactivos dividem-se em duas grandes classes: niecomoleculares e de elevado peso molecular. A primeira classe inclui compostos de carácter difílico, contendo uma parte hidrofílica e uma "cauda" hidrofóbica. A parte hidrofílica do tensioativo é constituída por um ou mais grupos polares: -OH, -COOH, $_{-NH2}$, -COOMe, -OSO2H;

O grupo hidrofóbico é uma cadeia alifática. A segunda classe inclui os tensioactivos de elevado peso molecular com grupos hidrofílicos e hidrofóbicos alternados. De acordo com a estrutura química, os tensioactivos dividem-se em ionogénicos e não ionogénicos. Os tensioactivos ionogénicos dividem-se em catiónicos e aniónicos. As substâncias não ionogénicas contêm grupos terminais não ionizantes com grande afinidade com o meio de dispersão.

As propriedades dos tensioactivos dependem de um certo número de factores: a massa das moléculas de tensioativo, a disposição dos átomos, as ligações e as forças de interação entre as moléculas e os átomos. Distinguem-se três tipos de propriedades:

- colectiva, dependendo do número total de moléculas;
- aditivo, cujo valor é determinado pela soma dos valores de

propriedades de átomos individuais ou grupos de átomos em moléculas de surfactantes;

- constitutiva, devido à presença de certos átomos

ou grupos deles e a sua disposição na molécula.

O conhecimento dos padrões de adsorção e de atividade superficial permite uma compreensão mais profunda das propriedades dos tensioactivos e da sua utilização específica na tecnologia dos materiais de construção.

Na adsorção de surfactantes é necessário saber como os grupos funcionais individuais das moléculas interagem com as diferentes fases. As propriedades dos aditivos desempenham um papel importante neste processo.

As principais propriedades dos tensioactivos são a sua capacidade de reduzir a tensão superficial de sistemas heterogéneos, em especial de soluções aquosas. Adsorvido, o tensioativo substitui a superfície polar por uma camada menos polar, igualando as diferenças de polaridade das fases de acordo com a chamada regra da equação da polaridade.

Para intensificar o processo de moagem de matérias-primas de cimento para substâncias de produção de cimento: hidrofilização e hidrofobização [37 - 40].

O primeiro grupo inclui o sulfito-bardo alcoólico (SAB) e os seus derivados - sulfito-bardo alcoólico (SAB), alguns ésteres.

O segundo grupo inclui o soaponaft, o asidol, o asidol-soaponaft, os líquidos organosiliconados GKZh-94, GKZh-10, GKZh-11, os resíduos de cubos de ácidos gordos sintéticos, o breu de madeira e outros. Os tensioactivos hidrofilizantes que se adsorvem nas partículas de cimento mantêm camadas bastante espessas de água junto a si. Isto cria uma lubrificação hidrodinâmica entre as partículas sólidas, o que reduz o atrito.

As moléculas dos tensioactivos hidrofóbicos, com a sua parte não polar, fixam-se na superfície da fase sólida, o que prejudica a molhagem do cimento com a água.

As experiências laboratoriais e a prática industrial estabeleceram um efeito intensificador significativo dos tensioactivos na moagem do cimento. Assim, Higerovich, Leibovich e Mukhamedzyanov [41], utilizando como tensioativo pequenas doses de sabão e óleo (0,3 -0,5% do peso do cimento), aumentaram a produtividade dos moinhos de cimento até 15% com um resíduo constante no peneiro de controlo. Skromtaev, Rojak e Malinin [40] descobriram que a introdução de bardo sulfito-alcoólico (0,3% da matéria seca) aumentou a produtividade dos moinhos de cimento em 4-15% com uma finura de moagem constante e, no caso de uma produtividade constante do moinho, aumentou a finura de moagem de 20 para 50% [43]. Salidzhanov [44], aplicando como tensioativo o sabão na quantidade de 3,075 -0,15%, conseguiu um aumento da produtividade do moinho em 30; Como intensificador da moagem de cimento utilizado após o streaming alcoólico bard - o produto residual da digestão do melaço em álcool etílico [45].

Quando se adiciona 0,05 -0,1% do peso do cimento, a produtividade da fábrica de cimento aumenta em 25%. A adição de resíduos de produção de dioxano e, adicionalmente, 5-30% de resíduos de produção de ácido adípico - ácidos descarboxílicos fundidos [42] são pulverizados com um bocal de pulverização ou por meio de um conta-gotas na camada de material na quantidade de 0,0,0,25 -0,5%. A produtividade dos moinhos é aumentada em 5 -8%. Os aditivos - resíduos da produção química - pasta de depuração de sulfatos de alquilo, fchotoreagent VZhS e plastificante adipinovoy PASch -1 [43] permitem, ao nível da produtividade dos moinhos, aumentar a resistência do cimento em 7-25%. [22]Simultaneamente, o teor específico de 570 cm /g e de 519 cm g e o resíduo no peneiro n.º 008 diminuirão 1,7 e 3,1%. A adição de resíduos de produção de dioxano [44] na quantidade de 0,03 -0,1% do peso do cimento aumenta a produtividade do moinho na moagem de cimento Portland em 27%, e na moagem de cimento de escória Portland em 12%. A adição do produto da produção de álcoois gordos superiores de resíduos de cubos da produção de álcool isododecílico e produto adicional da produção de isopropilfenil - e - fenilindiamina [45] na quantidade de 0,25 -2,25 do peso do cimento aumenta a produtividade da unidade de moagem em 40-45%. A adição de água e sabão e, adicionalmente, de polímero solúvel em água de sal de sódio de ácido salicílico com formaldeído [46] na quantidade de 1 -2,2% da massa de cimento aumenta a produtividade do moinho em 25-30%. Foi estudada a influência de intensificadores de moagem baseados em produtos de policondensação de aminas, bem como de aditivos conhecidos (trietanolamina, etc.) [47]. A introdução do aditivo na quantidade de 0,2% da massa de clínquer sob a forma de uma solução com uma concentração de 10% reduz significativamente o consumo de energia e diminui a duração necessária da moagem. Os aditivos considerados praticamente não afectam o tempo de presa e a atividade do cimento.

Foi investigada a influência de vários aditivos orgânicos (TEA, DEA, etilenoglicol, ureia, carvão, glicerol, Celex e (T-96) [48] no processo de moagem de clínquer de cimento Portland em moinhos de bolas. O clínquer, o caulino e o gesso foram colocados no moinho de laboratório na proporção de 80:15:5, foi adicionada uma solução aquosa de 20% de aditivos, moídos durante 75 minutos, após o que foi determinada a superfície específica do cimento, o consumo de energia, etc. O consumo de aditivos foi de 0,01 -1% (por sólido).

Numa série de experiências, a moagem foi efectuada até uma determinada área de superfície específica. A duração do processo foi determinada. Verificou-se que a introdução da maioria dos aditivos estudados aumenta a superfície específica do cimento em 10 -15%, a introdução de ureia em 25%. Ao mesmo tempo, o período de energia diminuiu de 8 a 10 e 20%. A influência positiva dos aditivos no processo de moagem é explicada pela prevenção da aglomeração do clínquer e pela redução da sua adesão aos corpos moedores devido à neutralização da ligação livre das partículas por vapores de líquidos orgânicos. É de notar que quando a dose óptima de aditivos é excedida, o seu efeito positivo na moagem do clínquer diminui. Como o consumo da maioria dos aditivos (TEA, T -96 "Celex", etc.) é técnica e economicamente justificado, recomenda-se 200 -300 g por T de clínquer.

Os intensificadores de moagem não só aumentam a finura da moagem e a produtividade do moinho, como também influenciam a qualidade do cimento moído e a sua resistência ao endurecimento [49]. Esta influência depende do tipo de intensificador de moagem e da sua dosagem. Normalmente, a dosagem aceite do intensificador de moagem de 500 a 1000 g/t não afecta negativamente a resistência do cimento.

A uma dosagem mais elevada (№ 2000 g/t) a resistência do cimento no período de endurecimento inicial (1 dia) pode ser apenas 50-70% do seu valor alcançado na dosagem óptima do intensificador de moagem. Os sulfatos de alquilo e os sulfonatos de alquilo têm um efeito particularmente negativo na resistência. As condições e a duração do armazenamento são de grande importância para o pó de cimento e para o desenvolvimento da sua resistência. O armazenamento do pó de cimento em condições de ar isolado durante 1 ano não afecta significativamente a resistência, enquanto que o armazenamento ao ar livre leva a uma deterioração significativa da fluidez e a uma redução da resistência do cimento, principalmente no período inicial de endurecimento. Demonstra-se que pode reduzir um pouco o efeito desfavorável do armazenamento a longo prazo do cimento em condições normais na sua resistência.

A análise da revisão da literatura indica a necessidade de procurar novos intensificadores de moagem baratos e eficazes com base em produtos residuais, a fim de reduzir o consumo de energia na produção de cimento. Neste sentido, este trabalho é dedicado ao estudo da possibilidade de utilizar resíduos da indústria de óleos e gorduras do Uzbequistão como intensificadores de moagem.

Capítulo 3

Intensificador de moagem de cimento

3.1 Preparação dos intensificadores de moagem.

A resina de gossipol (alcatrão de algodão), um resíduo de cube boe da produção de óleo de algodão, foi utilizada para a obtenção de intensificadores de moagem.

O caroço de algodão contém gordura neutra, ácidos gordos, gossipol e produtos da sua oxidação, interação com proteínas, fosfótidos e ácidos gordos. A presença de gossipol e dos seus produtos de transformação na matéria-prima do sabão de algodão dificulta a sua utilização na indústria do sabão devido a complicações desagradáveis no armazenamento do sabão (escurecimento).

Para separar os ácidos gordos dos produtos acima referidos, são destilados os ácidos gordos brutos isolados das pastas de algodão.

O resíduo do cubo resultante desta destilação é a resina de gossipol (alcatrão de algodão).

O rendimento da resina de gossipol em relação aos ácidos gordos brutos extraídos das matérias-primas do algodão é de 18-20% [50-55].

A resina Gosipol (GS) é uma massa viscosa homogénea de cor castanha escura a preta, insolúvel em água, solúvel em produtos de destilação do petróleo e em solventes orgânicos.

A resina de gossipol contém de 52 a 64% de ácidos gordos livres e seus derivados. Os restantes são produtos de condensação e polimerização do gossipol, bem como produtos da sua transformação, formados durante o aumento do óleo, obtidos principalmente no processo de destilação de ácidos gordos de matérias-primas de sabão [56].

Podem ser obtidas até 15 000 toneladas de resina de gossipol por ano a partir de todas as matérias-primas de sabão obtidas durante a refinação de óleos de algodão, com base na destilação de ácidos gordos.

O quadro 1 mostra os parâmetros da resina de gossipol

Fábrica de óleos e gorduras de Kattakurgan.

Tabela -**3**.

Indicadores	Kattakurtan MZhK	
	Modo I	Modo II
% de matéria orgânica	97,29	98,66
% de matéria inorgânica	2,71	1,34
% solúvel em gasolina	-	-
% de substâncias lipossolúveis	100	100
% de substâncias solúveis em água	-	-
Índice de acidez em mg KOH	65,3	5,0

Índice de iodo (Galus)	99	53
Índice de saponificação em mg KOH	199	171.7
Número de éter em mg KOH	134	121,7
Número de hidrofilia	91	84,2
Peso molecular (pelo método crioscópico de p -tel'-	525	-
% parte solúvel em acetona	77.5	83,0
% parte insolúvel em acetona	22,5	17.0
% de ácidos gordos libertado durante a saponificação	64,0	61,0

Os números elevados de éter apresentados neste quadro indicam a presença de lantanos na resina de gossipol [55-58]. A grande diferença nos números de saponificação e ácido também indica a transformação de uma forma modificada de gossipol pela ação do álcali alcoólico.

Dada a presença de azoto, é possível supor a presença de produtos de condensação do gossipol com substâncias proteicas. O peso molecular das resinas de gossipol mostra que estas contêm produtos de copolimerização.

Em termos de qualidade, a resina de gossipol deve satisfazer os seguintes requisitos

Quadro 4.

Aparência	Ver 1	Ver 2
	Massa viscosa homogénea do escuro - castanho a preto	
Índice de acidez, mg KOH	70 -100	50 -70
Solubilidade em acetona, % no mínimo	80	70
Teor de cinzas, % no mínimo	1.0	1.2
Teor de humidade e de matérias voláteis, % max	4.0	4.0

Para modificar o gossipol e aumentar a sua solubilidade em água, foi efectuado um tratamento com trietanolamina. trietanolamina técnica

Em interação com o amoníaco, o óxido de etanolamina forma etanolaminas [59]:

$$_2HC\!-\!CH_2 + NH_3 = H_2\text{-}N\text{-}CH_2\text{-}CH_2\,OH$$

$$2\,_2HC\!-\!CH_2 + NH_3 = H_2\text{-}N\!\!\begin{array}{l}\diagup CH_2\text{-}CH_2\,OH \\ \diagdown CH_2\text{-}CH_2\,OH\end{array}$$

$$2\,_2HC\!-\!CH_2 + NH_3 = H_2\text{-}N\!\!\begin{array}{l} CH_2\text{-}CH_2\,OH \\ \!\!-CH_2\text{-}CH_2\,OH \\ CH_2\text{-}CH_2\,OH\end{array}$$

Trietanolamina

A trietanolamina técnica é perigosa para o fogo, pouco tóxica e tem propriedades alcalinas [56]. O ponto de inflamação é 232 oc, a temperatura de ignição é 395°C. A trietanolamina técnica, no que respeita ao grau de impacto no corpo humano, como substância moderadamente perigosa, pertence à 3ª classe de perigo de acordo com GOST I2.1.007 -76.

A trietanolamina técnica deve satisfazer os seguintes requisitos em termos de qualidade

Tabela 5.

Aspeto, cor	I C líquido cor amarela a canela clara, não mais escura do que o iodo aquoso, concentração 1 g/L	II C líquido de cor amarela a canela clara, não mais escuro do que o iodo aquoso, concentração 15 g/L
Densidade a 20°C, g/cm3	1,095 -1,124	1,095 -1,135
Composição fraccionada à pressão residual. 20 mmHg destilado, "% (a) em temperatura até 170°C não superior a	14,5	15,0

A TEA preenche estes requisitos

Clínqueres de cimento Portland da fábrica de cimento Ahangaran e

Fábrica de materiais de construção de Angren do campo de   calcário

Ahangaran.

Os resultados das análises químicas e mineralógicas dos cimentos são apresentados no quadro 4

Composição química e mineralógica dos cimentos

Tabela 6.

Nome cimento	SiO_2	Al_2O_3	Fe_2O_3	CaO	MgO	BaO	H	n	P
Fábrica de cimento de Akhangaran	2,4	4,85	4,27	46,3	1,6	0,16	0,9	2,4	1.17
Fábrica de materiais de construção de Angren	2,1	3,87	4,26	45,7	1,4	1,2	0.9	2,45	1,23

Capítulo 4

Métodos de investigação

Na realização de trabalhos experimentais, para além da metodologia geralmente aceite e do equipamento amplamente utilizado na prática, foram utilizados alguns dispositivos especiais e métodos de investigação.

Todos os instrumentos e equipamentos de laboratório utilizados na investigação foram verificados pelo Laboratório Republicano do Comité Estatal de Supervisão de Normas, Medidas e Instrumentos de Medição.

A determinação da moabilidade dos clínqueres e do calcário foi efectuada num moinho de bolas de duas câmaras 40T-ML de laboratório, da seguinte forma: o calcário ou clínquer foi pré-triturado num triturador de maxilas e peneirado através de um crivo para selecionar a sua fração de tamanho 2 -7 mm. O aditivo foi introduzido no moinho antes do início da moagem, sob a forma de uma solução aquosa na quantidade de 0,015 a 1% do peso da matéria seca (EM TERMOS de matéria seca) num estado finamente disperso (atomizado).

A duração da trituração, a quantidade de material a triturar (8 kg, 4 kg em cada câmara) e o peso dos corpos trituradores (32 kg) foram sempre constantes.

Após o tempo de moagem definido, foi determinado o material residual nas peneiras de controlo e a área de superfície específica.

A capacidade de plastificação dos aditivos tensioactivos foi determinada pela alteração do cone de fusão da argamassa de cimento 1:3 numa mesa de agitação normalizada, de acordo com GOST 310-76.

A mistura das argamassas de cimento foi efectuada num agitador de laboratório do tipo ML-IA com o número de rotações da cuba igual a 20. A normalização dos barrotes de argamassa de cimento com a dimensão 4x4x16 cm foi efectuada na plataforma vibratória do tipo 435 A com a amplitude de vibrações 3000 -200 por minuto.

O ensaio de flexão dos provetes de viga foi realizado no dispositivo MII-100. A determinação da resistência à compressão dos provetes foi efectuada numa prensa hidráulica PT-100A com uma carga máxima entre 1,0 e 2,5 toneladas.

Os valores numéricos da resistência das argamassas de cimento apresentados nos quadros e figuras são médias aritméticas de 4 a 6 séries de experiências.

Para além destes estudos, as propriedades de superfície e de volume das soluções aquosas dos tensioactivos obtidos foram determinadas por métodos estalagmométricos e de condutividade específica.

Assim, os métodos de investigação utilizados no trabalho corresponderam à análise laboratorial moderna típica e permitiram considerar os dados experimentais obtidos como suficientemente objectivos.

Obtenção de novas substâncias tensioactivas intensificadoras da moagem de calcário e dos clínqueres de cimento Portland; Os betões, as argamassas de cimento e os produtos feitos a partir deles são corpos porosos capilares e, pela sua natureza, são hidrofílicos, ou seja, estando em contacto com a água, absorvem-na. As consequências decorrentes dos efeitos nocivos da água, bem como do congelamento e descongelamento alternados do betão humedecido, em alguns casos raros, tornam-se visíveis após 5-6 anos.

Um exemplo é a falha caraterística dos lancis que separam a faixa de rodagem do pavimento. Mas, por vezes, assiste-se a um grau extremo de deterioração do betão devido à ação da água.

É bastante natural que os defeitos no betão provocados pelos efeitos nocivos da água não atinjam imediatamente um limite perigoso, mas se acumulem gradualmente.

Assim, é muitas vezes necessário impedir, em maior ou menor grau, a difusão da água na massa de betão, reduzindo assim os efeitos nocivos da humidade. Isto é conseguido, em particular, pela hidrofobização do betão através da introdução de substâncias hidrofóbicas superficiais e aquosas.

Como aditivo tensioativo na produção de cimento hidrofóbico, utilizam-se habitualmente produtos de matérias-primas vegetais e resíduos industriais (ácido oleico, sabão e óleo, soapstock, risikl oxidado, etc.). O cimento com estes aditivos, a par de propriedades positivas, caracteriza-se por uma série de desvantagens, em primeiro lugar, o aumento da formação de poeiras durante a moagem e o transporte e a excessiva capacidade de absorção de ar no betão e nas argamassas. O objetivo deste trabalho é tentar estabelecer as principais direcções para a eliminação destas desvantagens através da introdução de aditivos hidrofóbicos de componentes adicionais.

Uma vez que o tensioativo hidrofobizante é adsorvido nas deslocações dos grãos de clínquer [57-61], a sua introdução durante a moagem do clínquer:
I) aumenta a probabilidade de moer partículas que contenham vestígios de deslocamentos na camada superficial e leva à formação de um grande número de fracções finas (menos de 10 μm) com uma elevada relação entre a superfície do grão e o volume, cuja consequência é um aumento da serragem; 2) com uma dosagem de tensioativo que excede a capacidade de adsorção dos deslocamentos, parte do tensioativo permanece na superfície exterior das partículas e é um lubrificante da superfície de contacto, o que leva ao deslizamento das partículas, reduzindo o tempo de permanência do material no moinho e reduzindo a eficiência da moagem. O excesso de tensioativo, que provoca a lubrificação da superfície de contacto, leva a um "aumento acentuado da atração". 3 De facto, mesmo com a dosagem de tensioativo hidrofobizante correspondente à capacidade de adsorção do deslocamento, o aumento do

ângulo de molhagem marginal da superfície do cimento leva ao aumento da taxa de adesão das bolhas de ar à mesma, e a diminuição da tensão superficial no limite solução-ar - ao aumento do volume de espuma formado durante a mistura de betão e argamassa.

Por sua vez, a mineralização das bolhas de ar pelas partículas de cimento hidrofóbico contribui para um aumento da resistência à espuma. Tudo isto reforça a atração do ar quando se mistura o cimento hidrofóbico com a água. A eliminação dos fenómenos negativos mencionados na produção de cimento hidrofóbico pode ser conseguida através do desenvolvimento de aditivos policomponentes de superfície ativa. Em particular, podem ser tomadas as seguintes medidas para evitar o aumento da formação de poeiras e o arrastamento de ar:

1 O tensioativo no estado de adsorção física deve ser um tensioativo não ionogénico, que tem um efeito lubrificante mas não é capaz de quimisorção.

2 Os tensioactivos não ionogénicos não aumentam o bloqueio da camada superficial potencial se contiverem apenas radicais de hidrogénio de cadeia curta.

3 O enfraquecimento do bloqueio de superfície criado pelo principal componente hidrofóbico do tensioativo pode ser conseguido através da introdução de um tensioativo catiónico com grupos polares caracterizados por momentos de dipolo elevados no aditivo complexo.

Assim, o aditivo tensoactivo policomponente hidrofóbico deve conter: o principal componente hidrofóbico necessário para o bloqueio da camada superficial potencial na quantidade correspondente à capacidade de quimisorção dos deslocamentos na superfície em questão, solvente ou tensioativo ionotenpóico ou catiónico.

Sabe-se que os tensioactivos que aumentam a heterogeneidade energética da superfície e lhe conferem um carácter liofóbico-liofílico são eficazes para melhorar a humidade.

A escolha de tensioactivos catiónicos não ionogénicos para este fim baseia-se na elevada energia de ligação H dos primeiros com a água e no elevado equilíbrio liofóbico-liofílico dos segundos. Os agentes molhantes contribuem para a "não-extinção" e, por conseguinte, enfraquecem o envolvimento do ar. Os solventes são necessários porque alguns hidrofobizantes, por exemplo, os ácidos gordos superiores (HFA) com o número de átomos de carbono na cadeia principal superior a 10, são substâncias viscosas à temperatura ambiente. A sua incorporação no cimento em condições industriais é possível por emulsificação, aquecimento ou dissolução.

A resina de gossipol (GS) modificada com trietanolamina técnica foi selecionada como o principal componente hidrofóbico. A modificação permite alterar as estruturas da resina de gossipol e a molecularidade através da introdução de novos grupos polares.

A modificação é efectuada em condições laboratoriais nas seguintes proporções em peso: HS:TEA - 70:30, 60:40, 50:50 (wt.%), correspondendo às designações convencionais I -1, I -2, I -3.

No balão de reação, deitar a resina de gossipol a uma temperatura de 50 -60 ° C, depois a trietanolamina técnica, a mistura é aquecida a uma temperatura de 100 ° C e mantida durante 1,5 h com agitação vigorosa.

Como resultado da interação química dos componentes, obtém-se o produto acabado, que é uma massa pastosa de cor castanha escura, bem solúvel em água.

É conhecido na literatura que os ácidos gordos R -COOH formam sais do tipo geral com aminas P H2. Estes sais caracterizam-se aparentemente pela estrutura de compostos duplamente complexos:

$$\left[\begin{array}{c} R\text{-}C \begin{smallmatrix} .O \\ .O \end{smallmatrix} \end{array} \right] \left[\begin{array}{c} H \quad H \\ N \\ H \quad H \end{array} \right] H \left[\begin{array}{c} R\text{-}C \begin{smallmatrix} .O \\ .O \end{smallmatrix} \end{array} \right] \left[\begin{array}{c} H \quad H \\ N \\ H \quad R \end{array} \right]$$

Consequentemente, quando os ácidos gordos reagem com os aminoálcoois, formam-se sais complexos de ácidos gordos

R -COOH+ $NH_2C_2H_4OH \rightarrow RCOONH_3C_2H_4OH$

R -COOH+ $NHC_2H_4OH)_2 \rightarrow RCOONH_2(C_2H_4OH)_2$

R -COOH+ $N(C_2H_4OH)_3 \rightarrow RCOONH(C_2H_4OH)_3$

3 No nosso caso, os ácidos gordos livres, que se encontram na resina de gossipol, interagem com a trietanolamina técnica para formar um sal complexo de ácido gordo do tipo seguinte:

R -COOH + $N(C_2H_4OH)_3$ » $RCOONH(C_2H_4OH)_3$

O produto resultante é solúvel em água, tem um certo equilíbrio hidrofóbico-liofílico e pode ser utilizado para intensificar o processo de moagem

Estudo das propriedades químico-coloidais

Foi acumulada uma grande quantidade de material experimental que indica que a alteração das propriedades dos sistemas dispersos na presença de aditivos tensioactivos é causada pela fixação por adsorção das moléculas de aditivo na superfície da fase dispersa. Esta depende não só do estado molecular do aditivo em solução, determinado pelo equilíbrio lipofílico/hidrofílico e pelas interacções hidrofóbicas das partes hidrocarbonadas da molécula do tensioativo em meio aquoso, mas é também função da concentração do aditivo, das suas propriedades físico-químicas e químico-coloidais.

Neste contexto, estudámos as propriedades de superfície e de volume das soluções aquosas dos tensioactivos obtidos.

A energia de superfície desempenha um papel extremamente importante num grande número de fenómenos muito diversos.

Os fenómenos de superfície traduzem-se no facto de o estado das moléculas na camada superficial ser diferente do das moléculas no volume do corpo.

As moléculas no volume do corpo estão uniformemente rodeadas pelas mesmas moléculas e, por isso, os seus campos de força são totalmente compensados. As moléculas da camada superficial interagem tanto com as moléculas de uma fase como com as moléculas da outra fase, pelo que o recíproco das forças moleculares na camada superficial não é igual a zero e é dirigido para o interior da fase com a qual a interação é maior. Assim, existe uma tensão superficial o, que tende a reduzir a superfície.

A tensão superficial também pode ser representada como a energia de transferência de moléculas do volume do corpo para a superfície ou como o trabalho de formação de uma unidade de superfície.

A tensão superficial pode ser expressa como uma derivada parcial da energia de Gibbs pela dimensão da superfície interfacial a P e $-T$ = const (a números molares constantes dos componentes)

$$\sigma = \left(\frac{\partial G}{\partial S}\right) \text{PTnj} \quad (12)$$

Assim, para uma substância individual, a tensão superficial é a energia de Gibbs por unidade de área de superfície.

A energia interna (total) da camada superficial es por unidade de área está relacionada com a equação de Gibbs-Helm-Goltz:

$$us = \sigma - T\left(\frac{\partial \sigma}{\partial T}\right)p \quad (13)$$

em que - calor latente de formação de uma unidade de superfície; T temperatura.

A redução de o pode ocorrer como resultado da concentração espontânea na camada superficial de substâncias com menor tensão superficial - adsorção.

O valor de adsorção é normalmente expresso de duas formas. De acordo com um método, é definido como a quantidade de substância na camada superficial A por unidade de área superficial ou por unidade de massa de adsorvente (valor de adsorção absoluto):

Ou, o que é a mesma coisa

$$\Gamma = \frac{v(C0-Cv)}{S} \quad (14)$$

em que C v é a concentração de equilíbrio do componente no volume;

C0 - concentração inicial do componente no volume:

V é o volume da fase.

Os valores de adsorção dos componentes G e a tensão superficial estão relacionados entre si pela equação fundamental de adsorção de Gibbs:

$$-dC = \frac{\varepsilon}{i}\Gamma i\, d\mu i \quad (15)$$

$d\mu i$ -potenciais químicos dos componentes.

A baixas concentrações de C, a relação passa para a seguinte equação:

$$\Gamma = -\frac{C}{RT}\cdot\frac{d\sigma}{dC} \quad (16)$$

$d\sigma/dc$ $d\sigma/dc$ $d\sigma/dc$ Consoante o sinal do aquoso, as substâncias dissolvidas dividem-se em superficiais activas ( ) e superficiais inactivas e

As substâncias tensioactivas (tensioactivos) caracterizam-se pela atividade superficial, que é uma medida da capacidade de uma substância para reduzir a tensão superficial na interface. $d\sigma/dc$ Este valor é numericamente igual à derivada ( ) , tomada com o sinal contrário, quando a concentração do tensioativo é reduzida a zero:

$$g = -\left(\frac{d\sigma}{dC}\right)_{C\to 0}$$

$$(17)$$

A atividade tensioactiva de superfície é definida graficamente como a tangente do ângulo de inclinação o da reta tangente à isotérmica de tensão superficial no ponto de intersecção com o eixo das ordenadas, tomado com o sinal menos.

O objetivo desta parte do trabalho foi construir a isotérmica de adsorção (gráfico da dependência $G = f(C)$) do tensioativo na superfície da sua solução aquosa e estabelecer a relação entre as propriedades superficiais e volumétricas das soluções aquosas de tensioactivos obtidas a partir de resíduos da indústria dos óleos e gorduras e de trietanolamina pura (técnica).

As propriedades de superfície das soluções aquosas de tensioactivos foram caracterizadas pela tensão superficial e pelo assoreamento bidimensional da superfície. As propriedades volumétricas foram caracterizadas pelo valor da concentração crítica de formação de micelas (CMC). [3]Para este efeito, medimos a tensão superficial das soluções de tensioactivos nas concentrações: 0,01, 0,1, I, 2,5, 5,0, 7,5, 10 kg/m . $\sigma = f(C)$ Com base nos dados obtidos, foi traçada a isotérmica de tensão superficial a temperatura constante (293°K). Os resultados dos estudos são apresentados no diagrama .I.

Verifica-se que a tensão superficial ao aumentar a concentração começa por diminuir bruscamente, mas depois esta diminuição abranda e torna-se tão pequena que praticamente o valor de o atinge um valor mínimo constante.

$\sigma = f(C)$ Com base na curva , os valores calculados da adsorção G, correspondente a diferentes valores da concentração da substância na fase a partir da qual se dá a adsorção e construiu uma curva que exprime a dependência $G=f(C)$ diagrama 1.

O diagrama 1 mostra que a isotérmica de adsorção da dependência $G=f(C)$ deixa a origem das coordenadas e aumenta com o aumento da concentração, inicialmente de forma acentuada, e depois este crescimento abranda e a curva aproxima-se assintoticamente de uma reta paralela ao eixo das abcissas, o que corresponde ao tipo de isotérmicas características de um tensioativo típico de baixo peso molecular.

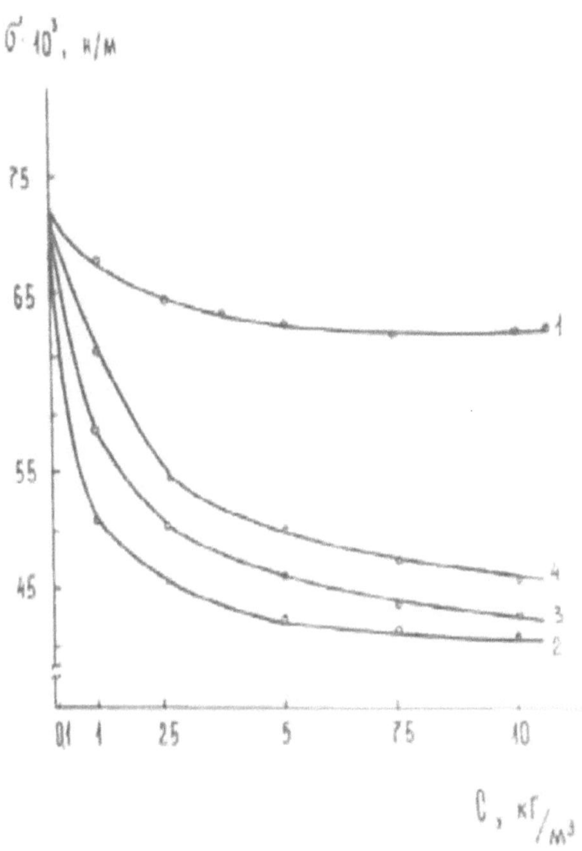

Diagrama 1: Isotérmicas (a 293°K) da tensão superficial de soluções aquosas de tensioactivos. I) TEA , 2) I -1, 3) I -2, 4) I -3.

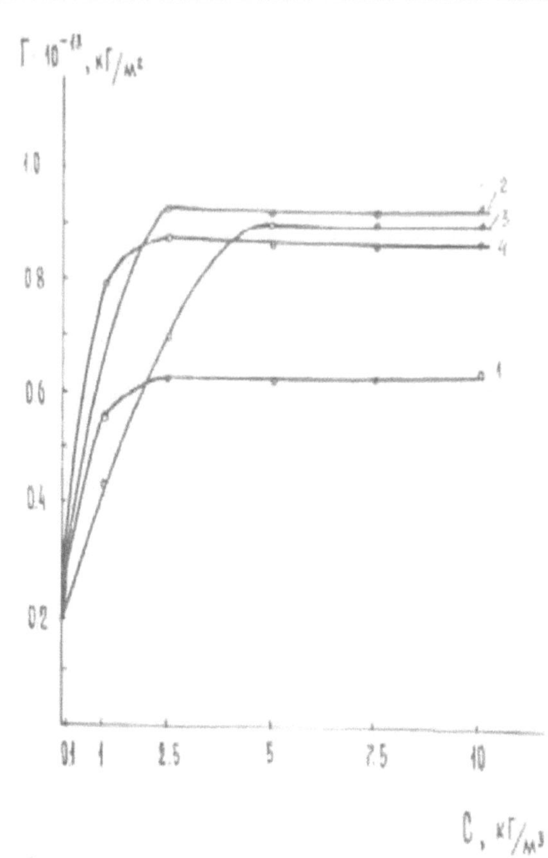

Figura 2: Isotérmicas de adsorção de soluções aquosas de tensioactivos. I) TEA , 2) I -1, 3) I -2, 4) I -3.

O valor de concentração para o qual a adsorção atinge o seu valor Gad mais elevado e a tensão superficial o seu valor mais baixo corresponde à saturação completa da camada superficial.

A parte inicial das curvas a baixos valores de concentração corresponde à camada superficial não preenchida com moléculas adsorvidas. Como se pode ver na figura, esta parte das curvas para os tensioactivos por nós estudados é quase rectilínea. [3]À medida que a concentração aumenta, a superfície fica cada vez mais preenchida com moléculas adsorvidas e, quando se atinge uma certa concentração (10 kg/m), todos os lugares da superfície estarão ocupados por elas e a tensão superficial deixará de se alterar.

Consequentemente, a adsorção dos tensioactivos é de natureza monomolecular, o que nos permite calcular o valor de Gad, de acordo com a teoria molecular de

Langmuir. [Л]

Na teoria de Langmuir, assume-se que apenas uma camada de moléculas pode ser adsorvida na interface e, por conseguinte, o valor limite de adsorção específica corresponde à formação de uma monocamada saturada de moléculas de tensioativo na superfície sólida.

Calculámos a área e o comprimento da molécula adsorvida, assumindo a orientação habitual das macromoléculas de surfactante contaminadas na camada de adsorção. Os parâmetros calculados foram os seguintes valores:

é a área da secção transversal do grupo polar:

$$S = \frac{1}{\Gamma_\infty \cdot N} = \frac{1}{0.94 \cdot 10^{-13} \cdot 6.02 \cdot 10^{-23}}$$
$$= \frac{1}{5.66 \cdot 10^{10}} = 0.18 \cdot 10^{-10} \, м^2/кг \, ,$$

- o comprimento da molécula:

$$\beta = \frac{\Gamma_\infty \cdot M}{\rho} = \frac{0.94 \cdot 10^{-13} \cdot 556}{1.09}$$

O aparecimento de micelas em solução ocorre quando é atingida uma determinada concentração, denominada concentração crítica de formação de micelas (CMC). A mudança na estrutura da solução na CMC leva a uma quebra acentuada na dependência das suas propriedades físicas e químicas da concentração; este facto é a base dos métodos experimentais para determinar a CMC, que é uma caraterística importante dos surfactantes.

A concentração crítica de formação de micelas foi determinada pelo método da condutividade.

Os dados resultantes são apresentados na Figura 2,

A relação entre as propriedades de superfície e de volume foi estabelecida de acordo com a equação [87]

$$g = \frac{G_0 \cdot G_{ккм}}{KKM}$$

Os cálculos do valor da atividade de superfície mostraram que, na proporção de resíduo de cubo da produção de óleo de algodão da resina de gossipol (GS) e trietanolamina técnica pura (TEA) (70:30), a atividade de superfície aumenta muito mais em comparação com a trietanolamina técnica pura (Quadro 2).

O aumento da concentração dos nossos tensioactivos sintetizados em solução conduz a uma diminuição da sua atividade superficial, de acordo com os padrões geralmente aceites para os tensioactivos de baixo peso molecular (diagrama 2.).
Pressão bidimensional das camadas de adsorção da nossa síntese

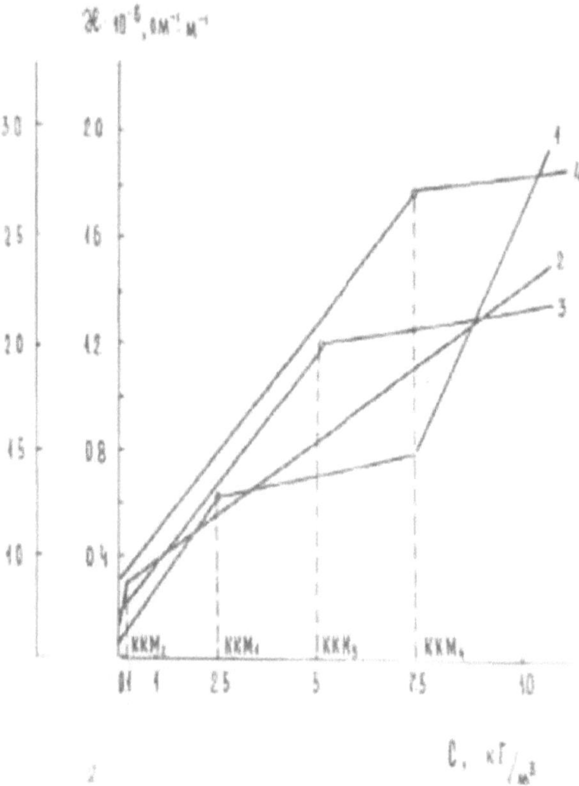

Diagrama 3: Isotérmica da condutividade específica em função da concentração de soluções aquosas de tensioactivos. I) TEA , 2) I -1, 3) I -2, 4) I -3.

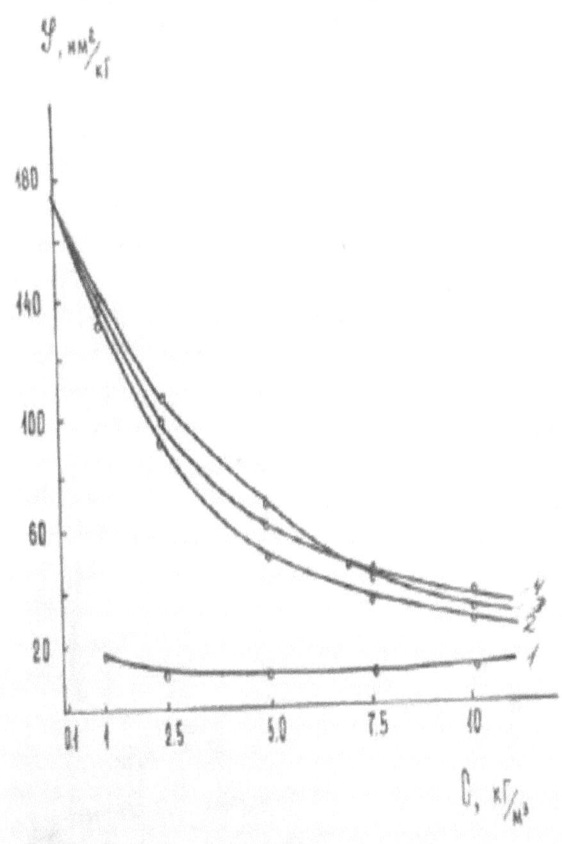

Diagrama 4: Isotérmicas (a 293°K) da dependência da atividade superficial em relação à concentração de soluções aquosas de tensioactivos. I) TEA , 2) I -1, 3) I -2, 4) I -3.

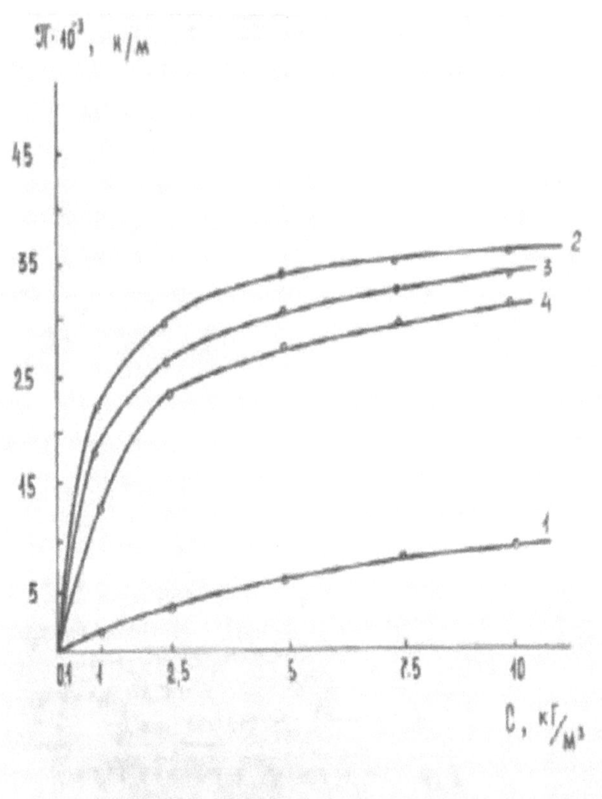

Gráfico 5.
Isotérmicas (a 293°K) da dependência da pressão superficial (bidimensional) da concentração de soluções aquosas de tensioactivos. I) TEA , 2) I -1, 3) I -2, 4) I - 3.

Quadro 5

№	Ponderado correlação GS :TEA	Condicional: título	Superfície atividade, ^{2}Nm /kg
I	70:30	й -1	169 ,00
2	60:40	И -2	60,64
3	50:50	И -3	39,61
4	0:100	TEA	13,24

O surfactante está correlacionado com o valor da atividade superficial. Quanto maior for a não atividade, maior será o valor máximo da pressão bidimensional (Fig.5. curva 2).[1]

Assim, as nossas substâncias sintetizadas apresentaram uma atividade de superfície e todas as regularidades características dos tensioactivos de baixo peso molecular (o, G, T, etc.), o que nos permite esperar um efeito de dispersão

Métodos de investigação

4.1 Investigação do efeito de surfactantes no processo de moagem de calcário e

clínquer de cimento

Uma das tarefas mais urgentes da produção de materiais de construção é aumentar a eficiência energética da tecnologia de produção de cimento e melhorar a sua qualidade.

[2]A indústria nacional está a aumentar continuamente a produção de cimentos, cuja produção está associada à moagem para uma superfície específica de 3700 cm /g.

É sabido que a moagem completa de materiais é um dos processos mais intensivos em energia na produção de cimento - consome cerca de 80% de toda a eletricidade utilizada na produção de cimento. Obviamente, portanto, cada medida que contribua para a intensificação dos processos de moagem pode ter um efeito económico muito significativo à escala global.

Um dos principais factores de intensificação do processo de moagem de materiais sólidos é a utilização de substâncias tensioactivas (surfactantes) como intensificadores de moagem.

Efeito dos tensioactivos na finura de moagem e na área de superfície específica do calcário

As matérias-primas da produção de cimento têm uma variedade de propriedades físicas e químicas que influenciam o processo da sua moagem. Por conseguinte, a fim de melhorar o desempenho das instalações de moagem e secagem, é necessário estudar uma série de propriedades das matérias-primas utilizadas.

Para o desenvolvimento da tecnologia de moagem a seco de calcário com aplicação de tensioactivos, foram realizadas investigações sobre a revelação das propriedades dos tensioactivos, a pré-determinação da eficácia da sua aplicação como intensificadores da moagem, o estabelecimento de parâmetros que caracterizam a possibilidade de realização e a dimensão da contribuição para a intensidade do processo de moagem da redução da força de adsorção, o estudo da influência da dosagem de tensioactivos na moabilidade do calcário.

A moagem foi efectuada num moinho de bolas de duas câmaras de laboratório. O tempo de moagem, tanto sem como com aditivos, foi o mesmo - 90 minutos.

O aditivo foi introduzido na câmara num estado finamente disperso (atomizado).

Os dados sobre o efeito dos tensioactivos na finura da moagem e na superfície específica do calcário são apresentados no quadro 5.1.1.

Influência dos tensioactivos no desempenho do processo de moagem de calcário

Tabela 7.

Adenda	Quantidade	Resíduos	Udelna	Específico	Melhoria

60

a	aditivos, %	no peneiro 008, %	я superfícies força, p ^{2}cm /y	Despesas : energias, kWh/t	produtores- actividades trituração unidades,%
Sem aditivos		14	2500	41,0	-
И -1	0,03	5,00	2600	33,0	30,0
	0,05	4,75	2650	32,5	32,5
И -2	0,03	5,50	2620	33,0	26,0
	0,05	5,00	2680	33,0	30,0
И -3	0,03	5,50	2600	33,0	26,0
	0,05	4,75	2600	32,5	32,5

Os resultados da análise granulométrica mostram que todos os tensioactivos estudados intensificam bem o processo de moagem e aumentam a produtividade da unidade de moagem. [222]A tabela mostra que o valor da superfície específica aumenta com a adição de I -1 a 100 -150 cm '/g, com a adição de I -2 a 120 -180 cm /g, com a adição de I -3 a 100 cm /g.

Ao estudar o processo de moagem de calcário com diferentes no moinho de bolas de laboratório, verificou-se que, numa fase do processo, a dependência da variação do teor de partículas com mais de 80 mícrones com o tempo de moagem é próxima de uma linha reta (Diagrama 5.), e, portanto, pode ser descrita pela seguinte equação [7].

$$\Delta R_{008} = K't$$

À medida que a dispersão aumenta, a velocidade do processo de trituração diminui. Isto deve-se ao reforço da interação superficial entre as partículas a quebrar, bem como ao facto de que, à medida que o tamanho das partículas diminui, o número de defeitos que contribuem para a deformação (furos, fissuras, etc.) diminui. A dependência afasta-se cada vez mais da dependência rectilínea. Verificou-se que, para todos os tensioactivos estudados, o desvio desta dependência em relação à rectilínea ocorre quase simultaneamente com um aumento acentuado da interação superficial das partículas a destruir.

Com alguma dispersibilidade dos materiais moídos, o aumento do tempo de moagem não leva a uma diminuição do conteúdo de partículas com um tamanho superior a 80 μm, ou seja, [11]. [11].

$$\Delta R_{008} = \Delta R_{008}\text{-max}$$

Com base nestas afirmações básicas sobre a cinética do processo de moagem de pedra calcária por via seca, é utilizada a seguinte equação empírica para descrever o processo.

$$\Delta R008 = \frac{\Delta R008\,max \cdot t}{\Delta R008\,max \cdot \frac{A_2}{K \cdot A} + t},$$

Esta equação mostra que na fase inicial da cominuição

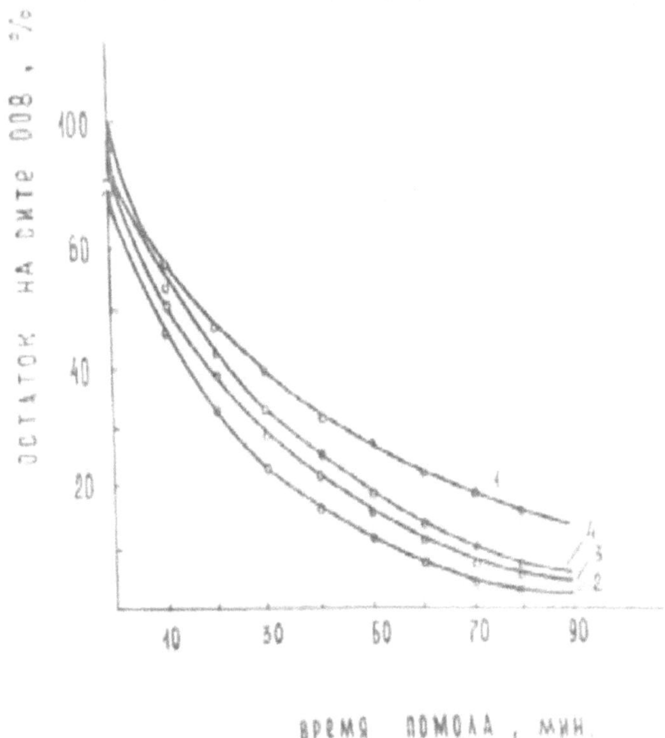

Diagrama 6: Curvas da cinética de moagem do calcário em função do tipo e da composição óptima do tensioativo. I) sem tensioativo, 2) I -1 (0,05%), 3) I -2 (0,05%), 4) I -3 (0,05%).

$_0$em t pequeno, quando as interacções superficiais das partículas destrutíveis são pequenas e se alteram de forma insignificante ($AOA=1$), a dependência AROo8~=f(t) aproxima-se da forma $_{ARo}$ 8~=Kt

À medida que as partículas de material se tornam mais finas, as suas interacções superficiais aumentam. $_{00o}$O valor de Ao/A diminui e, consequentemente, o valor de AR 8~$maxA$ /KA diminui. Finalmente, após um certo tempo de moagem, a mudança no conteúdo de partículas maiores que 80 μm no material moído praticamente pára. $_{00o}$Neste momento AR $8{\sim}maxA$ /KA.<t e a equação (3) assume a forma.

$$AR008 = AR008{\sim}max$$

O valor da constante da velocidade de moagem grosseira, com uma regulação mecânica inalterada do moinho, depende apenas das propriedades individuais das partículas a triturar (porosidade, microestrutura, etc.) e não depende da magnitude da sua interação superficial, pelo que a constante K pode ser utilizada para avaliar o efeito da redução da adsorção da resistência do material triturado na presença de tensioactivos. Quanto mais intensa for a interação superficial entre as partículas do material a triturar, menor será a alteração máxima do teor de partículas de dimensão superior a 80 μm que pode ser obtida no moinho, independentemente da velocidade de trituração na fase grosseira. Por conseguinte, o valor AR008max pode ser utilizado para avaliar o efeito do tensioativo na fase do processo de moagem cuja cinética é predeterminada pelas interacções superficiais das partículas a triturar. *

A Fig. 7 mostra que o tensioativo I -1 intensifica a moagem mais eficazmente do que outros tensioactivos, o que mostra que o I -1 é um intensificador eficaz da moagem em comparação com outros tensioactivos.

4.2 Efeito dos tensioactivos no processo de moagem do clínquer de cimento Portland

Uma das direcções para aumentar a eficiência da moagem de clínquer e aditivos é o desenvolvimento e a introdução de métodos físicos e químicos de intensificação baseados na criação de um meio ativo de adsorção por pequenos aditivos de substâncias activas de superfície. Um intensificador de moagem comum na indústria cimenteira nacional é a trietanolamina. No entanto, devido aos recursos limitados para a sua produção e ao seu elevado custo, a TEA não é amplamente utilizada.

O efeito intensificador dos tensioactivos que formam um meio ativo de adsorção está associado a uma diminuição da resistência do material moído na fase de moagem grosseira, à redução da aderência e da agregação na fase de moagem fina, bem como a um aumento da fluidez (mobilidade) do cimento.

A eficiência do intensificador de moagem aumenta quando se moem clínqueres com elevada estrutura defeituosa e com elevadas propriedades de adesão-auto-adesão; diminui quando se moem clínqueres com aditivos porosos facilmente moíveis, bem como com aditivos que reduzem o grau de adesão (areia, trepel, escória) com um aumento do teor de humidade da carga superior a 1,5 -2% [68].

A moagem do clínquer de cimento Portland foi efectuada num moinho de bolas de duas câmaras em laboratório.

Durante as experiências de laboratório, o fator de enchimento do moinho, a massa de corpos moedores e de clínquer, a sua distribuição granulométrica e a duração da moagem permaneceram constantes. A composição e a concentração dos tensioactivos foram alteradas. O tempo de moagem, sem e com aditivos, foi o mesmo - 90 min.

O aditivo é introduzido na câmara num estado finamente disperso (atomizado). A capacidade de moagem do clínquer sem aditivos e com a adição de trietanolamina, que é amplamente utilizada na prática da produção de cimento, é tomada como referência para comparação.

Os dados sobre o efeito dos tensioactivos na dispersibilidade do cimento e no desempenho da unidade de moagem são apresentados no Quadro 7.

A eficácia do tensioativo foi determinada pela qualidade do resíduo no peneiro #008 e pela produtividade da unidade de moagem com base no fator de correção para a finura da moagem [69].

Os resultados da análise granulométrica mostram que todos os tensioactivos estudados, bem como a TEA, amplamente utilizada, intensificam bem o processo de moagem e aumentam a produtividade da unidade de moagem em 30-47%. As concentrações óptimas são 0,03-0,05% do peso do clínquer.

A análise dos dados obtidos mostrou que a utilização de tensioactivos nas quantidades acima referidas permitiu reduzir o consumo específico de energia durante a moagem do resíduo no peneiro n° 008 R =10% em 17,5-25%.

[222]A tabela mostra que o valor da superfície específica S aumenta com a adição de I -1 do clínquer da fábrica de Ahangaran em 350 - -800 cm /g, com a adição de I -2 - em 15 -600 cm /g, com a adição de I -3 - em 100 -230 cm /g. [222]A partir do clínquer da fábrica de materiais de construção de Angren, o valor de S aumenta com a adição de I -1 em 700 - -820 cm /g, com a adição de I -2 - em 50 -160 cm /g, com a adição de I -3 em 50 -100 cm /g, e com a adição de TEA este valor é inferior ao do cimento sem aditivos. Isto é explicado pelo facto de a TEA, adsorvida na superfície dos grãos, afetar fortemente as propriedades físicas, aumentando a fluidez do cimento [70]. Aparentemente, à medida que a fluidez aumenta, o cimento perde a sua resistência à permeabilidade ao ar. A fim de estudar este fenómeno, realizámos uma experiência de moagem de cimentos até uma área de superfície específica de cerca de 5000 com concentrações óptimas de tensioactivos (Tabela 7).

Efeito dos tensioactivos nos parâmetros do processo de moagem do clínquer

Quadro 8.

Nome comunicação aditivos	Concentração do aditivo, % do peso cimento	Dispersibilidade :cimentos		Específico despesas e/energia, kWh/t	Melhoria produtores- actividades da unidade
		$Z\,R$ 008=10%	$S\ cm^2$		

1	2	3	4	5	6
					de trituração, %
Clínquer da fábrica de Ahangaransk sem aditivos	-	10	2650	40,0	-
TEA	0,015	4,25	2600	32,0	37,5
	0,03	4,00	2620	31,5	40,0
	0,05	4,75	2600	32,5	32,5
	0,10	5,50	2640	33,0	26,0
И -1	0,015	4,00	3360	31,5	40,0
	0,03	3,75	3600	31,0	44,0
	0,05	3,50	3650	30,0	44,5
	0,10	4,75	3200	32,5	32,5
И -2	0,015	5,00	2800	33,0	30,0
	0,03	4,50	3200	32,0	35,0
	0,05	4,75	3250	32,5	32,5
	0,10	5,00	3150	33,0	30,0
И -3	0,015	5,50	2750	33,5	26,0
	0,03	4,75	2800	32,5	32,5
	0,05	4,50	2880	32,5	33,0
	0,10	5,50	2700	33,5	26,0
Clínquer de Angren sem aditivos	- -	10	2700	40,0	-

(continua no quadro 7).

I	2	3	4	5	6
TEA	0,015	4,50	2650	32,0	35 ,0
	0,03	4,25	2680	32,0	37,5
	0,05	4,75	2640	32,5	32,5
	0,10	5,00	2600	33,0	30,0
И -1	0,015	4,00	3520	31,0	40,0
	0,03	4,00	3500	31,5	40,0
	0,05	3,75	3600	30,5	44,0
	0,10	4,75	3400	32,5	32,5
И -2	0,015	5,00	2850	33,0	30,0

	0,03	4,75	2860	32,5	32,5
	0,05	4,50	2750	32,0	35,0
	0,10	5,50	2700	33,5	26,0
И -3	0,015	5,50	2700	33,0	26,0
	0,03	4,75	2750	33,0	32,5
	0,05	4,50	2800	32,5	35 ,0
	0,10	5,00	0 278	33,5	30,0

A Tabela 8 mostra que os aditivos investigados intensificam bem a moagem. Após 105 minutos de moagem com aditivos tensioactivos, não resta praticamente nada no peneiro de controlo, enquanto a finura de moagem do cimento sem aditivos é de 2,3$. A área de superfície específica dos cimentos com tensioactivos aumenta com o aumento do tempo de moagem.

Os aditivos da série "I" melhoram consideravelmente a moabilidade dos clínqueres. Os clínqueres com um diâmetro de 2-7 mm foram moídos num moinho de bolas de laboratório. Os aditivos, em quantidades óptimas de peso de clínquer, foram introduzidos imediatamente antes da moagem sob a forma de spray. Para determinar o valor do resíduo no peneiro #008, foram retiradas amostras do moinho de 10 em 10 minutos. Os diagramas mostram a moabilidade dos clínqueres sem e com aditivos.

A comparação dos dados obtidos mostra que o efeito do aditivo na moabilidade do clínquer, independentemente da sua composição mineralógica, começa a aparecer após as primeiras 10 argilas, moagem e aumenta com o aumento da dispersão do cimento.

Ao moer cimento até à finura aceite na maioria das fábricas (8 - 10$ de resíduo no peneiro n.º 008), o consumo específico de energia diminuiu de I -1 em 50%, de I -2 em 45%, de I -3 em 40% e de TEA em 30%.

Para além destes estudos, realizámos um trabalho sobre o efeito do tensioativo (I -1) no fator de moabilidade do clínquer da fábrica de cimento Ahangaran.

Existem várias formas de intensificar a moagem do clínquer de cimento, uma delas é a forma de intensificar a moagem do clínquer de cimento [71], que consiste na moagem conjunta de clínquer, gesso bi-aquoso e aditivo tensioativo - produto de policonsensação de resinas de metacresol-meloaminoformaldeído modificadas com sulfito - na quantidade de 0,2 -1% do peso do cimento.

Dispersibilidade
na moagem de cimentos com aditivos tensioactivos optimizados no tempo de moagem.

Tabela 9.

Nome do aditivo	Quantidade de aditivos, %	Variação da dispersibilidade dos cimentos com aditivos tensioactivos optimizados com o tempo de moagem (min)					
		30	45	60	75	90	105
Clínquer de Akhangaran sem aditivos	-	3350	2750	3500	3900	4500	4800
		18,4	7,5	6,5	5,5	4,75	2,3
TEA	0,03	2000	2650	3550	.3800	4300	4600
		16,7	6,1	6,6	4,9	4,5	0
И -1	0,05	2150	3900	3800	4000	4600	4900
		17 '	7,60	6,4	4,9	3,5	0
И -2	0,05	2150	2850	3850	3950	4600	4800
		17,1	6,8	5,5	4,5	4,5	0
И -3	0,05	3050	2850	3800	3900	4550	4790
		18,1	7,1	6,6	4,8	4,75	0

Nota: no numerador, superfície específica, cm2 /g;

no denominador - resíduo no peneiro n.º 008, %.

67

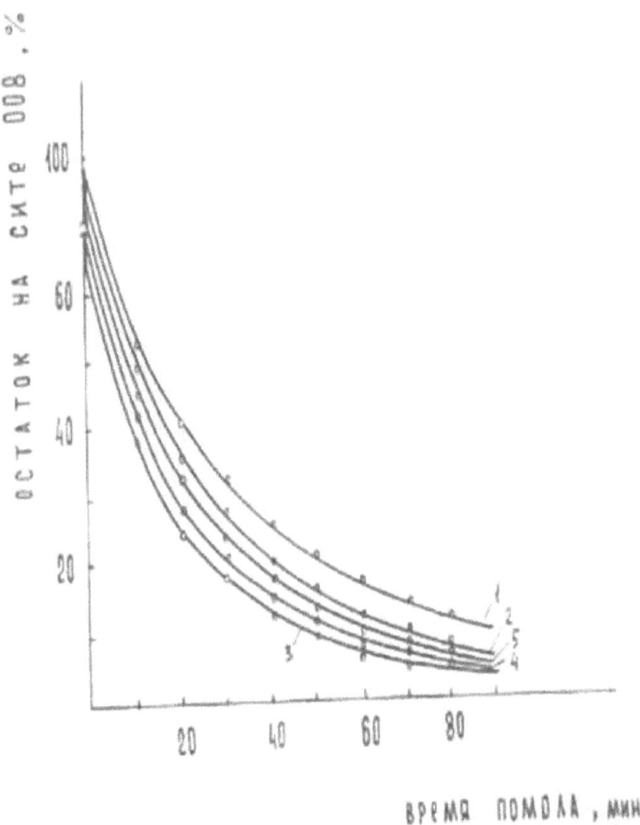

Figura 7: Curvas de cinética de moagem do clínquer de demanda de porto da fábrica de cimento Ahangaran em função do tipo e da composição óptima do tensioativo.

I) sem tensioativo, 2) TEA (0,03%), 3) I -1 (0,05%), 4) I -2 (0,05%), 5) I -3 (0,05%).

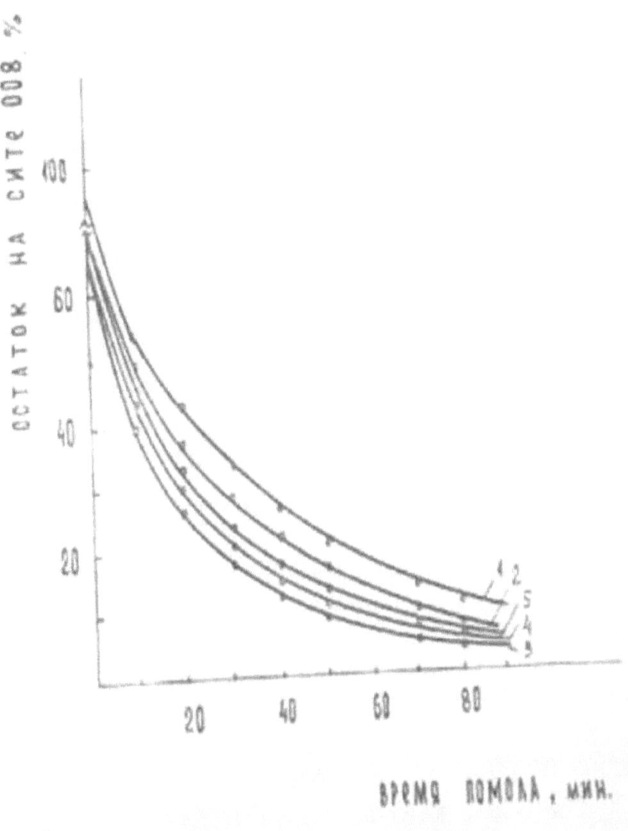

Diagrama 8: Curvas de cinética de moagem do clínquer de cimento Portland branco. Angren KCM do tipo e composição óptima de surfactante. I) sem tensioativo, 2) TEA (0,03%), 3) I -1 (0,05%), 4) I -2 (0,05%), 5) I -3 (0,05%).

No entanto, o método existente de intensificação da moagem não permite aumentar o rácio de moagem do clínquer, ou seja, o rácio entre o tempo de moagem do cimento puro e o tempo de moagem do cimento com aditivos com a mesma área de superfície específica.

A intensificação da moagem do clínquer de cimento é efectuada da seguinte forma. O resíduo de cubo modificado com trietanolamina da produção de óleo de algodão - resina de gossipol (I -1) foi introduzido juntamente com clínquer de cimento e gesso de água dupla no moinho de bolas na quantidade de 0,02-1,00% do peso do clínquer de cimento Portland.

Exemplo I. Para obter o cimento Portland, misturam-se os seguintes componentes, em % em peso: clínquer 95,0; gesso desidratado 5,0. [2]A mistura é imersa num moinho de bolas de laboratório e sujeita a moagem até atingir uma superfície específica de 3000 cm /g.

Exemplo 2. Para obter uma mistura de cimento Portland, os seguintes componentes, em % em peso: clínquer 94, 085; gesso bi-hidratado 5,0; resíduo de cubo da produção de óleo de algodão modificado com trietanol - amina (I -1) 0,015. Submetido a moagem de forma semelhante à do exemplo I.

Exemplo 3. Para obter cimento Portland, misturam-se os seguintes componentes: 94,97% em peso de clínquer; 5,0 de gesso bi-hidratado; I -1 0,03. Submetido a moagem de forma semelhante ao exemplo I.

Exemplo 4. Para obter o cimento Portland, misturam-se os seguintes componentes, em % em peso: clínquer 94,95; gesso bi-hidratado 5,0; I - 1 0,05. Em seguida, submetido a moagem de forma semelhante ao exemplo I.

Exemplo 5. Para obter o cimento Portland, misturar os seguintes componentes, em % em peso: clínquer 94,5; gesso bi-hidratado 5,0; I -1 0,5. Submetido a pulverização de forma semelhante à do exemplo I.

Exemplo 6. Para obter o cimento Portland misturam-se os seguintes componentes, em % em peso: clínquer 94,0; gesso bi-hidratado 5,0; I -1 1,0. Em seguida, submetido a moagem de forma semelhante ao exemplo I.

A Tabela 9 mostra a moabilidade das misturas de acordo com os Exemplos 1 -6.

Efeito de I -1 no fator de moagem do clínquer da fábrica de cimento Ahangaran.

Tabela 10.

Por. em medidas	[2]Superfície específica, cm /g	Tempo de moagem, min.	Fator de moabilidade
1	3000	120	1,0
2	3000	79	1,52
3	3000	77	1,56
4	3050	75	1,60
5	3070	60	2,0
6	3000	57	2,1

Os dados apresentados no quadro mostram que o aditivo tensioativo I -1 permite aumentar consideravelmente o coeficiente de moabilidade do clínquer. [3]A utilização deste aditivo permite obter, num curto espaço de tempo, um cimento com uma superfície específica de 3000 cm/g, o que permite uma forte redução do consumo específico de energia na produção de cimento.

Para explicar a influência da composição do tensioativo na dispersibilidade do cimento, vamos concentrar-nos no mecanismo de adsorção do tensioativo nas partículas de clínquer. Existem dois tipos de centros activos na sua superfície - cálcio e oxigénio, e a ativação destes últimos requer a presença de água para assegurar a sua protonação [72]. Os centros activos, anteriormente atribuídos ao silício e ao alumínio (ferro) [73], são agora também considerados como oxigenados, cuja especificidade se manifesta na presença de forças de valência adicionais incompletamente compensadas, dependendo do átomo metálico central no tetraedro de oxigénio. Os principais defeitos estruturais das partículas de clínquer - fronteiras cristalinas, defeitos de empacotamento, deslocações - são caracterizados por um excesso de cálcio e são principalmente zonas de centros de cálcio [74].

Os tensioactivos aniónicos, que incluem todos os ácidos e seus sais (incluindo os ácidos sulfónicos, os ácidos lignossulfónicos, os ácidos gordos, etc.), que sorvem principalmente nos centros de cálcio, contribuem para a abertura dos principais defeitos estruturais das partículas de clínquer nas fissuras, pelo que os tensioactivos aniónicos geram um grande número de partículas finas durante a moagem. O aumento do rendimento das partículas finas (dusting) é caraterístico de uma ação intensificadora da moagem do cimento, por exemplo, quando se introduzem tensioactivos como os lignossulfonatos técnicos correntes (concentrados de SSB e SB), os ácidos gordos (tensioactivos hidrofobizantes), incluindo os seus sais hidrossolúveis de tipo sabão-óleo.

Os tensioactivos catiónicos, introduzidos durante a moagem do ligante sob a forma de solução aquosa, sorvendo principalmente nos centros de superfície islogénicos activados pela água, na moagem fina contribuem para a dispersão da energia de impacto ou de cisalhamento nas pontas dos defeitos, inibem a sua abertura em fissuras e reduzem a quantidade de fração fina no cimento, aumentando o rendimento da fração média (5-30 μm) útil para a resistência e outras propriedades técnicas de construção. Resultados semelhantes foram obtidos, por exemplo, em [72-74] para a trietanolamina, o mais típico dos intensificadores de moagem catiónicos.

No que diz respeito aos nossos intensificadores, estes aditivos, ao contrário dos conhecidos, são quimisorvidos em centros de superfície activos tanto do tipo cálcio como do tipo oxigénio. e oxigénio [12]. Por conseguinte, podemos considerar o processo de moagem do clínquer na presença de I -1, I -2 e I -3 como resultado da ativação (isto é, abertura de fissuras) de defeitos estruturais reforçados ou gerados por moléculas de tensioactivos adsorvidas.

Estes defeitos estruturais podem ser divididos em dois grupos - a partir de átomos de cálcio e de oxigénio, e no início da moagem o número dos primeiros é muito mais elevado, pelo que praticamente lidamos com dois materiais diferentes - contendo defeitos iniciais e sem eles, o que leva, como se sabe, ao modo oscilatório de moagem. Chamemos ressonante ao modo de moagem em que, sob a influência do tensioativo, ambos os grupos de defeitos se transformam em fissuras, acelerando mutuamente o processo de destruição dos grãos iniciais (procura de ressonância precoce). Obviamente, este modo pode ser estabelecido regulando a composição funcional do aditivo, nomeadamente, a razão molar dos grupos aniónicos e catiónicos activos no mesmo, o inverso no seu valor da razão do número de centros de cálcio e oxigénio, que pode ser calculado a partir da composição mineralógica do clínquer e da densidade de deslocações na sua superfície.

Assim, a introdução do aditivo da série "I", intensificando a moagem do ligante, evita a sobremoagem e aumenta o rendimento da fração média no cimento.

Lista das referências utilizadas

1. Potapova E.N., Volosatova M.A. Produção de cimento Moscovo 2014.

2. Panova, A. V. Tecnologias de produção de cimento e impacto ambiental negativo / A. V. Panova. V. Panova :
direto // Jovem Cientista. - 2022. - № 1 (396). - C. 21 -23. - URL: httpshttps://moluch.ru/archive/396/87638/moluch.ru/archive/396/87638/ (25.10.2023).

3. https://www.avtobeton.ru/materiali dla proizvodstva_cementa.html

4. https://energosteel.com/syre -pri -proizvodstve -cementa

5. Dmitriev A.M., Kaushansky V.V. Problemas de utilização de materiais tecnogénicos na produção de cimento. - Cimento. - 1988. № 9. - C.2 -3.

6. Kushchidi V.I. Fuller utilisation of waste and by-products in the industry. - Cimento. - 1982. - № 2. - C. 1 -4.

7. Pyachev V.A. Problemas de utilização de resíduos industriais na produção de cimento // Tecnologia ecológica. Processamento de resíduos industriais em materiais de construção; - Sverdlovsk: ed -vo UPI, 1984. - C.4 -7.

8. Materiais do XXU1° Congresso do Partido Comunista da União Soviética. - Moscovo: Politizdat, 1985. - 352 c.

9. Khodakov G.S. Física da moagem. -M.: Nauka, 1972. - 307 c.

10. Deshko B.I., Krainer M.B., Krykhtin G.S. Moagem de materiais na indústria do cimento. - Moscovo: Stroyizdat, 1966. - 271 c.

11. Nudel M.E. Investigações físico-químicas do processo de moagem de matérias-primas no método seco de produção de cimento. Avtoref. dis kand.tehn.nauk. - M., 1977. - 21 c.

12. Timashev V.V., Krykhtin G.S.. Nudel M.E. Intensificação do trabalho das instalações de moagem-secagem através da introdução de tensioactivos. - Cimento. - 1975. - 1 6. - C.4 -5.

13. Zhmodinova M.S., Sudanas L.G. Mobilidade de misturas de matérias-primas utilizadas no método de produção a seco. - Cimento. - 1974.№ 5. - C.16 -17.

14. Sudanas L.G., Zhmodinova L.S., Leveiches L.A. Mobilidade de materiais em pó. - Cimento. - 1977. - L I. - C. 19 -20.

15. Goldstein L.Ya" Intensificação do processo tecnológico e utilização de resíduos industriais na produção de cimento // ed.va.Giprocement 1970

16. Tarnarutsky T.M., Yudovich Y.E., Vatutina L.S. Aplicação do aditivo LSTM-2 para a produção de cimentos de alta resistência. - Cimento. 1984. - № 8. - C. 13 -15.

17. Pirotsky V.Z., Matseev N.S., Demin A.V., Korotayeva Z.M. Tecnologia de moagem de cimento com a utilização de intensificadores. - Cimento. - 1988. - № I. - C.17 -19.

18. Rojak S.M., Pirotsky V.Z. Resistência de diferentes clínqueres e condições do processo de moagem // Tr. Instituto de Investigação do Cimento. - 1960. - Edição 14. - C.3 -41.

19. Bogne R. // The chemictry of Portland Cement. -1955 IV.P.29 -33

20. Guman V.S. Intensificação da moagem de materiais de silicato com a ajuda de compostos de organosilício. Avtoref.dis. . kand. tehn.nauk. - Kiev, 1969. - 23 c.

21. Khodako G.S. Moagem fina de materiais de construção. - M. : Stroyizdat, 1972. - 239 c.

22. Tovarov V.V., Gorlinova-Astapovitskaya S.N. Moagem húmida de clínqueres de cimento com aplicação de PRS. - Moscovo: Proshtroyizdat, 1951. - 91 c.

23. Bacvord A.// Roc produkte. 19.V.12

24. Kinderrett S.. // Chemical ensiklopedia. 1952 -13 -P -35

25. Wagener R.// Zement -Kalk -Gios -1961. -V -10S.5

26. Khigerovich M.I. Cimento hidrofóbico. - M.: Promstroizdat, 1957. - 208 c.

27. Deryagin B.V., Krotova K.A. Adesão. - M. -L.: M. 1949 C. 242^

28. Shmidt.A. //Zement -kalk -Gips. - - 1949. -v -17 -P -3.

29. Rlorsot B. //Bottk produkte. 1952. -V12.P.3.

30. Beke B. Oparky J. -Jn: Sumpos. Zerkleinern. Amsterdam. -1966. P.407..

31. John R. Lowe. Microstructural picture of fracture // Proceedings of the International Conference on Solid State Fracture Problems. -M.: Metallurgizdat, 1967. - C.36 -41.

32. Westwood A.R. Influência do meio no processo de fratura // Proceedings of the International Conference on Solid State Fracture Problems. -M.: Metallurgizdat, 1967. - C.61 -66.

33. Johnston T.L., Parker E.R. Fracture of nonmetallic crystals // Proceedings of the International Conference on Solid State Fracture Problems. -M.: Metallurgizdat, 1967. - C .96 - -100.

34. Rebinder P.A. VI Congresso de Físicos. - Moscovo: Gosizdat, 1928.

35. Rebinder P.A., Shreiner L.A., Zhigach K.F. Redutores de dureza e de perfuração //Fenómenos de superfície em sistemas dispersos. Mecânica físico-química. - M., 1979. - C.270 -320.

36. Deryagin B.V. Properties of thin fatty layers and their role in disperse systems. - M.: VSNITO, 1937. - 121 c.

37. Nudel M.E., Kryhtin T.S. Características do processo de moagem a seco de matérias-primas de cimento num meio de superfície ativa // Proc. do Instituto de Investigação do Cimento. Instituto de Investigação do Cimento. - 1976. - Edição

36. - C.34 -52.

38. Frolov Y.G. Curso de química dos colóides. Fenómenos de superfície e sistemas dispersos. -M.: Khimiya, 1989. - C. 115 -118.

39. Gregg S., Sing K, Adsorption, specific surface area, porosity. - M.: Mir, 1970. - 407 c.

40. Karibaev K.K. Surface-active substances in the production of binding materials. - Alma-Ata: Nauka, 1980. - 336 c.

41. Higerovich M.I., Leibovich H.M., Mukhamedzyanov M.M. Intensificação da moagem de cimento por pequenas doses de sabão e óleo // Mensagens de informação do Instituto de Investigação do Cimento. - 1951. - Edição 20. - C.21 - 25.

42. Skromtaev B.T., Rojak S.M., Malinin Y.S. Produção e aplicação de cimento plastificado. -M.: Promstroizdat, 1953. - 245 c.

43. Betão de cimento com aditivos plastificantes / S.V.Shestoperov, F.M.Ivanov, A.I.Zatsepin, T.Yu.Lyubimova. - Moscovo: Promstroizdat, 1952. - 207 c.

44. Salidjanov S.B. Aplicação de matérias-primas de sabão como intensificador do consumo de matérias-primas e clínquer e da hidrofobização do cimento em fábricas de cimento. - Tashkent: 1955. - 4 c.

45. A.S. N.º 443008. ^{3}MKI C04 EM 7/54. Intensificador de moagem de cimento / I.F.Kascheev, Y.B.Porisus, N.M.Endrikson, S.A.Polishchuk . - I p.

46. A.S.. № 1046216.. ^{3}YUT C04 EM 7/54. Intensificador de moagem de cimento / S.L.Protutan, V.P.Pedan, G.R.Goltsman, G.D.Dibrov, S.K.Kovalev, L.P.Proekutin, V.B.Pokhel . - 3 p: Il.

47. Bryzhik T.G., Eryzhik A.V., Lutinina I.G., Vezhlivtsev V.A. Utilização de novos intensificadores de moagem em Starooskolskiy ZaEOD. - Cimento. - 1981. - & II. - C. 17.

48. N.º 874694. ^{3}MKI C04 EM 7/54. Método de moagem de clínquer de cimento / G.N.Oskalenko, Yu.V.Svetkin, V.A.Kulik, N.Ya.Kuzmenko (URSS). - 2 p: Il.

49. N.º 963967. ^{3}MKI C04 EM 7/54. Intensificador de moagem de cimento / I.A.Oshchenkov, E.N.Elbert, A.M.Shidanova, V.P.Goncharov, V.M.Dmitriev, I.H.Sharipov, L.V.Barkov, A.Zenkov. - 3 p: Il.

50. A.S. Nº 697433. URSS. ^{3}MSH C04 EM 7/54. Aditivo para intensificação da moagem de cimento / I.B.Zelenev, L.N.Popov . - 2 p: Il.

51. Kenigsberg Z.I., Brepman A.M. Destilação de ácidos gordos de - upstocks de óleos de algodão preto // Proc. do sector do sabão. Edição esteklográfica de VNIIZh. - 1951. - C.118.

52. Satgansky M.P., Shvetsov A.S. Destilação de ácidos gordos da matéria-

prima do sabão. - Masloshrovaya promyshlennosti. - 1953. - № 8. -C.24 -25.

53. Zamyshlyaeva AM, Slorina GZ, Belopolsky AM, Bunina V. Sobre a composição das resinas de gossipol obtidas por destilação de ácidos gordos da matéria-prima do sabão de algodão // Tr. VNII fats. de - Vp.24. - P.282 -295.

54. Grsch S. Análise de gorduras e ceras. - M. -L.: Gos.chemico-technical izdvo, 1932. - C.208.

55. OST 18 -114 -73. Resina de gossipol. - M.: MP SSSR, 1973. - 7 c.

56. Tecnologia química geral de substâncias orgânicas / Editado por D.D.Zykov. -M.: Khimiya, 1966. - C.247.

57. TOU 6 -02 -916 -79. Trietanolamina técnica. - M.: MKHP SSSR, 1970. - 6 c.

58. Tarnautsky G.M. Desenvolvimento de tecnologia e investigação das propriedades técnicas de construção do cimento Portland hidrofóbico com aditivos de policomponentes. Avtoref. dis. kand.khim.nauk. M., 1974. - 23 c.

59. Yakhnin E.D., Taubman L.Y. Physico-chemical mechanics of soils, soils, clays and building materials (Mecânica físico-química dos solos, solos, argilas e materiais de construção). - Tashkent: FAS, 1975. - 421 c.

60. Becker B. Introdução à teoria eletrónica das reacções orgânicas. Moscovo: Mir, 1965. - 381 c.

61. Nevolin F.V. Química e tecnologia da CMC. - Moscovo: Gostoptekhizdat, - 545 p.

62. Schwartz A., Perry J., Eertsch J. Surfactants and detergents. - M., 1960. - Vol. 2. - 555 p.: Il.

63. Markman A.P. Chemistry of lipids (Química dos lípidos). - Tashkent: Academia de Ciências da SSR do Uzbequistão, 1963. VOL.1 - P.31.

64. Tursunov A.K., Fathullaev Z.F., Jalilov A.T., Sadykov A.A., Isayeva T.H. Estudo do fracionamento e utilização da resina de gossipol // ZhPH. - 1985. - T.ХУШ, № 4. - C.878 -880

65. Trabalhos de laboratório e tarefas em química de colóides / Editado por Yu.G. Frolov. - M.: Khimiya, 1986. - C .8 -10.

66. Shpykova L.G., Chikh V.I. Génese da microestrutura e propriedades da pedra de cimento // Hidratação e endurecimento de ligantes. - Ufa, 1978. - 0,299 -306.

67. Polak A.F., Babkov V.V. Modelo matemático de estrutura poli-dispersa // Hidratação e endurecimento de ligantes. - Ufa, 1978. -C.3 -11.

68. Shestoperov S.V., Ivanov F.M., Lyubimova T.Yu. A ação dos plastificantes em cimentos de composição mineralógica diferente. - Cement, - 1952. -P 6. - P.13 -15.

69. Ratinov V.B., Ivanov F.M. Química na construção. 2ª edição, revisão e

suplemento. -M.: Stroyizdat, 1977. -220 c.

70. Tretyakova A.S., Uryvaeva G.D., Lyvinenko A.T. Influência de alguns hidrocarbonetos no endurecimento de minerais de clínquer // Hydration and hardening of binders. - Ufa, 1978. - 0.130.

71. Young J.Y. Influência dos açúcares na hidratação do aluminato tricálcico //IV Congresso Internacional de Química do Cimento. -M.: 1978. -C.209 -210.

72. Loher F.B., Richard W. Investigação do mecanismo de hidratação do cimento // UP Congresso Internacional de Química do Cimento. - M.: 1976. - Vol.2, Livro 2. - C.122 -133.

73. Rojak S.M. Cimentos de tamponamento //VI Congresso Internacional de Química do Cimento. - M., 1976. - T.3. - C.231 -242.

yes
I want morebooks!

Buy your books fast and straightforward online - at one of world's fastest growing online book stores! Environmentally sound due to Print-on-Demand technologies.

Buy your books online at
www.morebooks.shop

Compre os seus livros mais rápido e diretamente na internet, em uma das livrarias on-line com o maior crescimento no mundo! Produção que protege o meio ambiente através das tecnologias de impressão sob demanda.

Compre os seus livros on-line em
www.morebooks.shop

info@omniscriptum.com
www.omniscriptum.com

Printed by Books on Demand GmbH, Norderstedt / Germany